TEXTILE COLOR DESIGN

纺织品色彩设计

邓晓珍　著

中国纺织出版社有限公司

内 容 提 要

　　《纺织品色彩设计》是一本关于纺织品色彩搭配与应用的设计指南，从色彩在纺织品设计中的重要性、色彩基础知识与色彩应用原理、色彩的感性认识与色彩的理性表达等几方面详细阐述色彩设计的方法。为了方便读者更好地阅读和使用这本书，让配色设计的理论知识和搭配技巧更加简单易懂，本书用大量的色彩案例来系统梳理色彩应用规律与色彩搭配技巧，解读纺织品色彩设计与应用的奥秘，从而帮助读者打造更富有感染力和表现力的纺织品色彩设计方案。

　　从色彩灵感提取到色彩方案创建，有大量的设计案例和品牌产品案例，帮助设计师有效选择色彩，提高对色彩语言的熟练应用程度，更有创造性地应用色彩。无论是新手设计师，还是资深设计师，都可以从这本书中获得丰富的色彩灵感。

图书在版编目（CIP）数据

纺织品色彩设计 / 邓晓珍著 . -- 北京：中国纺织
出版社有限公司，2024.4
　ISBN 978-7-5229-1384-1

　Ⅰ．①纺…　Ⅱ．①邓…　Ⅲ．①纺织品-色彩-设计
Ⅳ．① TS105.1

　中国国家版本馆 CIP 数据核字（2024）第 035035 号

责任编辑：孔会云　朱利锋　　责任校对：高　涵
责任印制：王艳丽

中国纺织出版社有限公司出版发行
地址：北京市朝阳区百子湾东里A407号楼　邮政编码：100124
销售电话：010—67004422　传真：010—87155801
http://www.c-textilep.com
中国纺织出版社天猫旗舰店
官方微博http://weibo.com/2119887771
北京华联印刷有限公司印刷　各地新华书店经销
2024年4月第1版第1次印刷
开本：710×1000　1/16　印张：14.5
字数：165千字　定价：88.00元

凡购本书，如有缺页、倒页、脱页，由本社图书营销中心调换

前　言

　　色彩是一门独特的设计语言，如何选择颜色、使用颜色，有时会让设计师束手无策。对于设计师来说，色彩设计应该遵循一个原则——没有"错误"的色彩组合，只有更完美的色彩搭配方案，每一种颜色都可以自如地与其他颜色进行搭配。

　　色彩是一个强大的沟通表达工具，选择色彩是有趣的，但选择有效的配色方案比简单地选择吸引你的色彩更重要，因为你喜欢的颜色不一定能产生最佳的搭配效果。在色彩设计中，色彩的选择和组合要考虑到色彩美学，它们之间形成一种令人愉悦的整体关系。在纺织品设计中要合理使用间色与第三色，多层次的色彩关系可以组合搭配成迷人的色彩方案。如果说色彩和谐的科学是知道该使用哪种色彩，那么色彩设计的艺术就是让色彩和谐有序地组合。

　　本书包含许多纺织品设计的色彩应用案例，这些设计案例配有相应的应用色彩板。这些经典的色彩应用案例不是为了简单地给设计师提供一个色彩复制的工具，而是希望帮助读者更自信地探索色彩。本书的每一部分内容都是为了帮助读者沿着色彩设计与应用的思路，进行有效的色彩设计与搭配。无论是开始创作一幅纺织图案作品，还是家居纺织品软装整体配套设计，在设计之初，你想要暖色还是冷色，引人注目的还是宁静舒缓的，富有视觉冲击力的还是柔和微妙的，都可以从本书中找到方法和答案。

　　读者可以分析比较本书中不同的配色案例，也可以尝试将这些色彩板应用在自己的纺织图案创作中。在你创作的过程中，也许会发现，绝大多数情况下，完美的色彩搭配方案是来自深思熟虑的结果，但有时候，出其不意的灵感，也会得到意料之外的惊喜。如果说色彩设计有什么技巧，那就是以"好玩有趣"的心态来探索色彩，大胆尝试和创新，创造更多美好的色彩方案。

本书由北京市教育委员会社科计划重点项目"中国传统色色名与色度特性及其在时尚产业的应用研究"（SZ202110012007）、北京市社会科学基金项目"中国传统色色名与色度特性及其在时尚产业的应用研究"（20YTB037）资助。

邓晓珍

2023年8月

目　录

第一章

色彩的力量

色彩，看似抽象，却无处不在。色彩让人们的生活更加生动美好，让人们眼中的世界更加丰富多彩。你眼中的色彩是什么样呢？你了解过色彩吗？想象一下，如果只能看到黑白和灰色，人们将无法忍受没有色彩的世界。

颜色是作为表达设计意图和情绪的最佳方式。在所有的视觉艺术语言中，色彩是关键要素，色彩直接影响设计作品的成败。作品的色彩概念对其所传递的信息和视觉吸引力有着决定性的影响作用。因此，色彩具有奇妙的力量，当我们审视色彩作品时，会发现它能唤起某种情绪共鸣。在一个新的色彩灵感所表达的最初概念阶段，在构思创作前期，创建能唤起心灵共鸣的色彩情绪板，它比文字更能直观地表达设计师的想法。如果说纺织品是空间的情感载体，那色彩则是传递纺织品情感与温度的最佳视觉语言。

一、为什么要研究色彩设计

一般情况下，人们都是通过视觉获得各种信息，其中色彩是影响视觉审美的最直观因素。根据心理学、感知学和营销学的研究，影响消费者对色彩的感官体验的主要因素是色彩。研究显示，人们在挑选商品时只需要7秒就可以确定对某件商品是否感兴趣，在这短暂的7秒里，色彩的影响作用占到了67%，可见，色彩瞬间可以在人的头脑中形成一种印象。通过对色彩深思熟虑的选择和应用，为人们提供了情绪、行为和互动的媒介。从实用角度讲，色彩还具有功能性，通过色彩设计传递安全信号和危险信号，从可持续设计的角度，它可以从某种意义延长产品的使用周期与寿命，因为，经典的、美好的色彩，可以让设计理念朝着一个再生的、循环的未来发展，让颜色、材料和表面工艺对人类的自然生态系统做出积极贡献。

如果说造型构图是图案艺术家的基本设计语言，那么色彩搭配也是纺织品设计师表达情感的通道。颜色搭配的巧妙与否直接影响图案设计的最终视觉效果。在了解色彩基本知识和色彩搭配原理后，不断尝试与试验，才能更好地呈现作品的色彩效果。

当然，使用色彩成功与否，还取决于设计师个人的色彩修养以及色彩的敏感度。

在我国纺织行业有这样的俗语："远看颜色近看花""一看颜色二看花"。因此，在纺织和服装设计工作中，色彩是非常重要的因素，色彩搭配可以决定图案设计的成败。因此，正确认识色彩，分析色彩，应用色彩，是纺织品色彩设计成功的前提与关键。

关于纺织品图案的色彩，图案设计教育家雷圭元先生曾经说过，对于初学者而言，在色彩学习的初期，就纺织品图案配色设计来说，建议在色彩设计上采取"拿来主义"，但过了这个阶段，色彩学习就不能满足于单纯模仿了。图案设计师的工作，不只是把自然界中千变万化的色彩应用到自己的创作中，更重要的是在利用自然界色彩的基础上，超越自然界的色彩，即所谓"艺术来源于自然，而高于自然"，在利用好自然界色彩的基础上超越自然界的色彩。色彩灵感取之于自然，通过艺术创作加工，应该比自然界的色彩更丰富多样，更有表现力，更动人，在图案的色彩搭配上，首先需要突破固有色的束缚。

色彩搭配决定视觉美感，也直接影响用户的消费体验。这样说来，色彩富有功能性。室内家居纺织品的色彩搭配和谐，让人感觉更舒适愉悦；餐具图案的色彩搭配雅致，盘中的美味佳肴更能引起人们的食欲，带来更好的用餐体验（图1-1）；服装面料色彩搭配和谐，可以让消费者穿出品位、魅力和自信。

图1-1　艾绰（Etro）餐具图案色彩设计

二、色彩与流行趋势

色彩的流行是社会经济文化作用的产物，不同的时代人们对色彩的认知不同，不同的民族、地区、气候环境，色彩的喜好和流行差异显著。比如，有人喜爱素雅的配色，而有人偏爱活泼鲜艳的色彩，因此，纺织品的色彩受色彩流行趋势的影响。随着时代的发展变化，大众喜爱的色彩也在不断变化。近年来，随着生活方式与消费观念的改变，大地色系备受推崇，如亚麻色、大理石的色彩、麦秸的色彩、砂砾色等，在纺织品中得到广泛的应用。

三、色彩在设计中的作用

色彩作为重要的视觉元素，其重要性越来越受到关注和重视。在全球时尚界，色彩成为各大品牌提升产品竞争力的关键。色彩比图案或形状更容易识别记忆。同时，色彩还可以为时尚品牌赋能，增加品牌价值，促进品牌溢价。因此，颜色是品牌标识设计中最重要的因素，在塑造消费者对品牌的认可度与忠诚度方面发挥了重要作用，它成为表达品牌个性的重要组成部分。品牌的使命、愿景、意图和企业文化都可以通过颜色表达。甚至在某种程度上，品牌固定不变的色彩通常被称为"颜色所有权"，蒂芙尼蓝（Tiffany Blue）、爱马仕橙（Hermes Orange）成为极为宝贵的品牌资产。

完美的配色方案是设计成功的一半，所以，纺织品图案设计的色彩搭配至关重要。在纺织品设计中，色彩是整个设计过程中最难控制的设计元素之一，需要进行反复试验。如果色彩搭配比较和谐，整个设计过程就会比较顺畅。

四、色彩在纺织品设计中的重要性

（一）图案与色彩的关系

色彩与图形哪个更重要？色彩先于图案，还是图案先于色彩？

色彩与图案、造型都有密切的连带关系，纺织品色彩的表现是对图案形象的一种升华，色彩附丽于形而又有超越于形的表现力。色彩使用不当也会影响图案造型和整体构图的美，所以在纺织品图案的创作初期，色彩和构图是同步思考的，是相辅相成、相互成就的关系（图1-2）。

图1-2　图案、色彩、工艺相辅相成

对于消费者来说，色彩是先入为主的，即先有色彩，再有图形。对于纺织品设计师来说，是从图形到色彩，基本的设计流程是，基本图形→构图布局→画面的平衡感，最后是画面的色彩搭配。一般情况下，纺织品设计师都认为图形本身更重要，但无论图形、构图多么出色，都需要有较好的色彩关系来呈现最终的整体视觉效果，不同的色彩搭配方案完全可以左右图案设计的效果，因此，色彩搭配是决定作品成败的关键。了解正确的配色设计规律与配色设计方法，在色彩搭配设计上往往可以做到事半功倍。

对于纺织品设计行业，图案花型的设计非常重要，但色彩设计更应该得到重视。完美的色彩搭配，可以使图案作品表现更出色；而不合时宜的配色，则会让作品整体效果逊色不少。有时候，图形与色彩也是相互调整、相互适应的关系。

（二）色彩的视觉效应

色彩设计是营销驱动力，色彩设计是提升产品附加值的关键。产品的色彩设计和产品营销之间的关系在于两个层面。一方面，色彩影响消费行为，也相应影响产品的销售；另一方面，营销方式和手段也影响色彩设计，有序考究的色彩搭配与陈列展示，也会成为推动销售业绩的潜在因素。因此，色彩影响纺织品色彩设计以及产品的质感，色彩赋予产品附加值。法国色彩大师郎克罗曾经说过：企业在不增加成本的前提下，改变色彩的设计，可以增加15% ~ 30%的商业价值，这就是色彩的力量。

可见，色彩具有提升产品附加值的潜能，也就是说，企业不追加生产成本，仅仅是对产品的色彩进行科学理性的设计与管理，就可以有效地提升产品的价值。精心设计的色彩搭配往往能够使消费者感受到产品的精美质感，刺激购买需求，为企业获得更多的利润空间。

1.色彩与材质的关系

色彩富有神奇的力量。从色彩学的角度上来说，色彩本没有高贵低劣之分，但色彩与载体、材质充分结合之后，可带来完全不同的视觉触感。在产品设计中，色彩可以赋予产品不同的感官体验，高饱和度的配色，在搭配使用上需要适度克制，过于单纯的、饱和的、荧光感的色彩应用，易带来廉价平庸的质感，比如红色、绿色、蓝色、橙色、紫色等原色，以比较饱和的纯度应用在粗劣质地的产品上，往往容易表达出强烈的廉价感。这样的色彩，虽容易带来视觉冲击力，刺激消费者的感官，但也容易产生廉价的印象，缺乏格调与品位。

比如，在PE材质的家居生活用品设计上，为了避免给消费者带来廉价的感觉，就可以适当降低色彩的饱和度和纯度，低饱和度色彩有时可以赋予产品柔和的哑光质感，抵消塑料材质带来的低廉感。同样，羊绒织物的色彩也不宜采用过度饱和的色彩，低饱和度，自然的色彩，最能体现天然羊毛纤维的质感与温度。

通过色彩的纯度和明度恰当把握，能在一定程度上改变商品的外观印象。一般来说，单一色彩，特别是纯度较高的配色容易体现廉价感，而应用深色调的配色可以体现高级感，白色、黑色、灰色等简约的中性色则代表了简约时尚的质感与品位。

2.廉价感的配色

色彩纯度过高，而且色相使用较多的搭配，容易带来廉价的效果。对于纺织品设计来说，又有所不同。比如品质一般的低支纱棉质面料，有时候不适宜用灰度感的色彩，便宜的棉织物如果采用低饱和度的灰色搭配，可能会使面料产生陈旧低廉的质感。

3.高级感的配色

有时候，色彩应用和材质是紧密结合的，有质感的配色，往往也是比较雅致、耐人寻味的色彩，利用低饱和度的配色营造奢华高贵的氛围。一些高端国际家居纺织品牌深谙此道，色彩有时采用偏高级灰的配色（图1-3）。

用色彩搭配来营造低调奢华、优雅精致、质朴舒适。为了体现回归自然，许多品牌选择了棕色、米白色、亚麻色、茶色、驼色、焦糖色、陶土色、苔绿色等低调的色彩。这些自然的色彩从心理上可以拉近人与自然的距离，发挥色彩的疗愈功能，营造舒适感（图1-4～图1-6）。

图1-3　简约高雅的色彩

图1-4　质朴自然的色彩

图1-5　温暖质朴中透出活力的色彩搭配

图1-6　朴实稳重的色彩

4.季节变化、地域环境与纺织品色彩设计

没有任何产品能像纺织、服装一样，色彩设计方面深受季节变化的影响。服装的色彩流行以春夏、秋冬为流行变化周期。国际色彩流行趋势机构一年一度会发布春夏、秋冬两季的色彩流行趋势。一般来说，秋冬的色彩偏向沉稳柔和，春夏的色彩偏向轻快活泼（图1-7~图1-11）。

图1-7　温暖质朴的秋冬色彩

图1-8　温暖的秋冬色彩

图1-9 温暖明媚的秋冬色彩

纺织品色彩设计

图 1-10　清新自然的春夏色彩

图 1-11　明媚艳丽的春夏色彩

（1）色彩与季节

对于纺织服装等时尚产品设计来说，无一例外，几乎所有的时尚品牌在产品的设计开发方面，都遵循春夏、秋冬这样的节奏和设计周期。另外，在设计中也会频频运用跨季色彩，不再将色彩和季节截然划分。在产品设计开发中，有时跨季色彩极为关键。

除了季节，地域环境也是影响产品色彩的重要因素。以家居纺织品为例，色彩与地域环境、季节和气候有着密切的关系，比如芬兰国宝品牌Marimekko的品牌文化与设计理念。由于芬兰地处北欧，气候寒冷，一年中有半年的时间是冬季，夏季短暂，Marimekko的色彩整体饱和度较高，其产品用明媚的色彩传递活力和乐观。

（2）季节变化与色彩设计

对于纺织产品设计开发来说，春夏的色彩倾向于清新靓丽，秋冬的色彩偏向于稳重温暖。在纺织品设计中，可以选用与季节对应的色彩搭配。用色彩来表达四季，体现季节变换的特征。春季的色彩突出春意盎然、繁花似锦的特点，色彩的饱和度和明度都整体提亮，春天的色彩：柔和的绿色、粉色、鸭蛋青，穿插点缀一些中性色（图1-12）；夏天的色彩要体现活力、热情，色彩的浓度和饱和度都整体较高，夏

图1-12　英国纺织品牌F&P春意盎然的色彩搭配

天的色彩：饱和的黄色及丰富的紫色、粉色、绿色等（图1-13）；而秋天则要以暖色系为主，体现出温暖质朴的气息，秋冬昼短夜长，大自然的色彩也变得层次多样，树叶的棕褐色系，黄色、橙色、浆果红、茶色、枣褐等果实的色彩，其色彩的过渡层次丰富，色彩反差小，这些属于秋天的配色，适宜营造慵懒、舒适的感觉，秋天的色彩：朴实的棕色、迷彩绿、芥末绿，慵懒舒适的米色、亚麻色、奶油色调，这

图1-13　欢快明媚的夏季色彩

图1-14　沉稳中透出一丝俏丽的色彩搭配

图1-15　高雅的同色系配色方案

些颜色完美地模仿了秋天色彩的微妙变化（图1-14、图1-15）；冬天则以白色和浅灰色为基调，辅以明快的点缀色彩，体现宁静的氛围，冬天的色彩：冰蓝色、灰色以及一些褐色等厚重的色调，为了弥补季节的寒冷和色彩的单调，用一些亚麻、丝绒、雪尼尔质感的面料增加温暖感（图1-16～图1-18）。在纺织品色彩设计上，可以用色彩表达四季，色彩应用搭配体现四季的变换。

冬季的配色，如果只是考虑季节的因素和自然界的色彩，未免会显得清冷和萧瑟，给人过于朴素、寂静的印象。因此，不应该只是局限于冷色调，可以用温暖的暖色调，营造温暖的冬日氛围。

图1-16　以灰蓝色主导的秋冬色彩

图1-17　以灰蓝色、灰色主导的秋冬色彩

图1-18　以灰色主导的秋冬色彩

　　纺织品色彩设计

五、在色彩空间下看待色彩

在纺织品设计中，色彩必须要和应用的空间和载体结合起来看。要在色彩空间下来看待色彩关系，从纺织图案学的角度来考虑色彩应用和色彩搭配的关系。

色彩从来不是孤立存在的，在纺织品设计领域，色彩与色彩搭配是两个不同的概念，不要孤立地看待色彩。色彩是环境的产物，色彩之间会相互产生作用和影响，在色彩空间环境下，色彩的相互影响、相互作用的结果就是色彩搭配关系。因此，在纺织品设计中不要孤立地看待某一个色彩，要将不同的色彩放置在一定的色彩空间环境中审视色彩关系，这就是色彩搭配艺术。

什么样的色彩才是美的色彩呢？明快的色彩是美的，暗淡的色彩则不被接受？雅致的灰色是高级的，鲜艳的色彩则会俗气？其实不然，即使是暗淡的色彩，通过色彩的对比调和，用心地组合搭配，一样可以产生令人心动的美感。因此，从色彩美学的角度，所有存在的色彩都是美的，任何色彩都可以通过考究的组合搭配而表现出动人的色彩美感。需要注意的是，在色彩组合中，不要忽略色彩层次与节奏在色彩组合搭配中的重要性。这是决定色彩方案和谐与否的关键所在。以棕色和灰色为例，单纯的棕色和灰色，孤立来看，其色彩相对暗淡，但通过和橘色、贝壳粉、奶油色的组合搭配，应用在纺织品系列配套设计中，则可以形成温暖柔和而又雅致的配色关系（图1-19）。

因此，色彩的世界没有绝对的丑与美，色彩关系是相互协调与影响的结果。只有将色彩置于具体的色彩关系和氛围之下，才能判断色彩的美丑。在色彩的世界，只有糟糕的色彩关系，没有糟糕的色彩，因此，应该在一定的色彩关系之下谈色彩之美。比如，荸荠紫、枣紫、茶褐、豆绿等色彩，这其中每一个单一的色彩，也许是暗哑的，但是把其中的一个色彩放置在一个特定的色彩关系中，它或许就是一个很好看的颜色。因此，即使是浑浊暗淡的色彩，通过不同的组合搭配，也可以带来熠熠生辉的美感。要相信，任何的颜色都可以搭配出美好的色彩方案。

比如，黑、白、灰、金色属于无彩色系，也是很特别的颜色，当它与有彩色搭配时，往往呈现出十分高雅的一面。黑白搭配，时尚简约，是比较现代的风格，但如果仅仅是深浅不同的灰色进行搭配，或者利用黑色和灰色进行搭配，则会显得非常沉

图1-19　以灰色主导、珊瑚橘点缀的配色方案

闷；白色比较单薄而苍白无力；单独使用金色，会显得俗气无比。反之，灰色与靓丽的有彩色组合，则可以达到非常好的色彩效果。

1. 色彩与品牌文化

色彩是传递品牌文化的重要元素，它可以影响消费者的情感和消费行为，也可以影响品牌的形象和认知，因此，利用色彩传达品牌文化与设计理念是品牌营销的重要手段。品牌形象营销中，色彩也可以提高品牌的辨识度，以便消费者更容易记住和识别品牌。因此，企业可以借助色彩塑造品牌文化。比如，可以用淡雅、简约的色彩，让消费者认为某个品牌是高档、时尚、精致的；也可以用靓丽的色彩，让消费者感受到品牌是活力的、时尚有趣的。

色彩在品牌形象营销中起着重要的作用，企业可以通过慎重选择色彩，使它们能够有效地传达品牌文化，从而达到视觉上的营销效果。例如，可口可乐的红色，是全球消费者最容易记住的颜色之一。自19世纪，吉百利开始用维多利亚女王最喜欢的紫色包装巧克力以来，色彩一直是品牌标识的"密码"。久经时间考验的蒂芙尼蓝成为时尚与品位的象征。还有众所周知的爱马仕橙（Hermes orange），爱马仕橙是个神奇的色彩，它不像红色那么深沉艳丽，又比黄色多了一丝明快厚重，在众多色彩中耀眼却不令人反感，它自带高贵的气质，与爱马仕品牌的内涵不谋而合。因此，选择适合品牌的颜色是至关重要的，品牌特点是什么？什么颜色能够代表品牌独特的个性？什么颜色适合品牌产品的特点？竞争对手使用什么颜色？这些都是色彩设计的关键。

2. 色彩与可持续设计

色彩设计，除了美学功能，还应该为再生、循环、未来的可持续生态环境做出积极的贡献。应该倡导另一种美学理念：一种将生活中的各种事物都精心设计的想法，从服装到家居，从大衣到地毯，从鞋子到窗帘都要有着精致的图案与色彩。为了实现真正的循环，需要将色彩设计与制造生产、消费环节的过程连接。可持续设计的理念，可以从色彩设计开始。在循环经济中，我们应该认真对待色彩，色彩搭配策略应该考虑到颜色给材料、产品带来的美学和功能的增加是否能抵消环境成本。用色彩留住经典，用色彩延长产品的使用周期，用色彩引导人类克制消费，抑制无效消费。

第二章

认识色彩

生活中无处没有色彩，处处需要色彩，色彩影响设计的成败。色彩与人类的视觉感受和心理反应密切相关，对于纺织品艺术家来说，采用保守的色彩还是大胆的配色格调，需要在掌握一定的色彩设计方法的基础上进行色彩构思与设计。

一、色彩基础知识

一般将色彩按照暖色、冷色、中性色以及特定的颜色划分，这种划分依据纺织品设计的特性而定。

（一）原色、间色、复色

1.原色
红、黄、蓝是最基本的颜色，也称三原色。自然界千变万化的色彩，都是由红、黄、蓝三原色混合而成，而红、黄、蓝三原色是任何的颜色都不能调出来的，因此称为原色。

2.间色
间色是由两种原色混合而成，例如红色和黄色混合成橙色，红色和蓝色混合成紫色，蓝色和黄色混合成绿色。

3.复色
复色又称为第三色，就是把原色与间色或者两种间色混合而成的颜色，如果把原色、间色和再间色混合，便能调和出无数的复色。在选择和应用色彩时，一定要明确色彩倾向，以什么色彩调性为主。如果没有明显的色彩倾向，这个复色就是一个不明确的脏颜色。

（二）色彩冷暖搭配

从色彩的物理性能来说，色彩本身没有温度，没有冷暖之分，但从色彩心理学来说，色彩有冷色和暖色之分。从色相环来看，黄色—红色系为暖色，绿色—蓝色—紫色系为冷色（图2-1）。

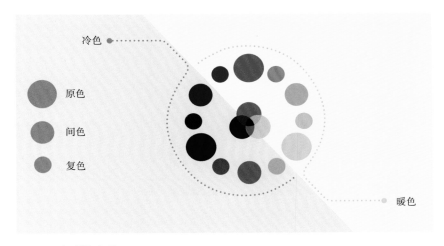

图2-1　色彩的冷暖

在色彩搭配中应该考虑到这一色彩规律。图2-2和图2-3所示的两幅织物图案是同一构图，但分别采用了冷色和暖色的色彩搭配方案。图2-2（a）采用灰蓝色，营造清新宁静的色彩效果；图2-2（b）采用了暖色调搭配，给人恬淡温馨的感觉。图2-3（a）使

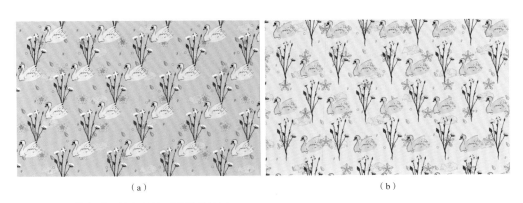

（a）　　　　　　　　　　　　　　　　　（b）

图2-2　色彩冷暖及其应用的不同视觉效果

（a）使用绿色底色，整体色彩偏向冷调

（b）使用棕黄色底色，整体色彩偏向暖调

图2-3　底色改变，色彩冷暖关系随之改变

用绿色底色，整体色彩偏向冷调；图2-3（b）使用柠黄色底色，整体色彩偏向暖调。暖色系的色彩让人感到温暖，冷色系的色彩让人感到清冷。

二、色彩心理与色彩性格

不同的色彩会引起人们情绪、行为等一系列的心理反应，表现出不同的色彩喜好，这种色彩心理，一般是与人们的生活经验、年龄、性格、文化素养等密切相关的。例如，看到红色，让人联想到太阳、万物生命之源，也可以让人感到紧张、不安；看到绿色，让人联想到生命的力量，植物的生长，生命的不息，也代表青春、活力、希望、和平；看到黑色，让人联想到黑夜、悲哀和绝望，当然黑色也代表着庄重；看到黄色，让人联想到明朗、活跃、兴奋。色彩代表的性格，以及看到色彩所产生的心理，有普遍性、特殊性、共性，也有不同的个性（图2-4）。

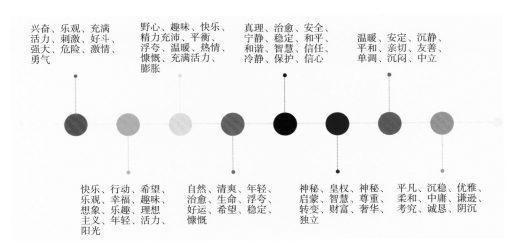

图2-4 色彩传达的不同心理与性格

三、色彩与情绪

色彩是理性的，也是感性的。色彩是传达情感的通道，不同的色彩会表达出不同的情绪内涵。色彩搭配可以影响人的心理变化和情绪反应。色彩作为重要的设计

图2-5 甜蜜的色彩

图2-6 忧郁的色彩

语言，可以影响人的情绪和感受。优雅美好的配色可以产生有温度感的设计，给人带来美好的视觉享受和使用体验，赋予纺织品更温情美好的一面。

色彩具有魔力，它是非常具有感染力的视觉语言，色彩影响消费者的消费心理和消费行为。明快饱和的色彩，整体趋向乐观开朗；色彩饱和度较低的色彩，整体感觉沉闷压抑。不同的色彩可以传达不同的情绪，比如甜蜜的、苦涩的、忧郁的、欢快的。（图2-5～图2-8）

图2-7 明艳的色彩

图2-8 欢快的色彩

四、色彩属性与应用原理

色彩有色相、饱和度、明度三大属性。色相是色彩的种类，是指红、黄、蓝等颜色的性质，色相由红、橙、黄、绿、蓝、紫等循环渐变，将色相的变化按照顺序排列，用圆形表现出来，就称为"色相环"。饱和度是指色彩的鲜艳度。越接近三原色的色彩，色彩的饱和度就越高；而越是浑浊暗淡的色彩，饱和度就越低。饱和度高的色彩视觉冲击力强，饱和度低的色彩沉稳低调。明度是指色彩的明暗程度。越接近白色，明度越高；越接近黑色，明度越低。通过色相、明度和饱和度的组合而产生的不同色彩状态，称为色调（图2-9）。

色彩的明暗、浓淡、深浅，形成丰富多彩的色彩世界，透过这些微妙的

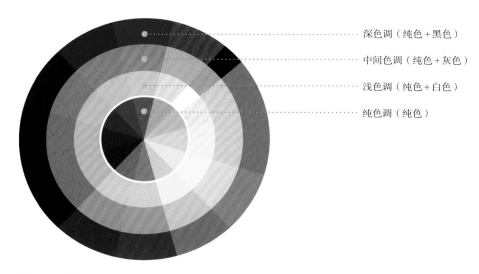

深色调（纯色＋黑色）

中间色调（纯色＋灰色）

浅色调（纯色＋白色）

纯色调（纯色）

图2-9　色调

变化，可以将红、黄、蓝三原色变成不计其数的色彩，因此，恰到好处地调整色彩的明暗深浅，是色彩搭配的技巧与秘密所在。

1.色彩搭配类型

为了清楚地理解颜色是如何组合搭配的，设计师必须使用具有主色、次色和第三色的色相环。通过观察色相环表明，色彩关系通常不是线性的，而是环形的。没有错误的色彩，只有错误的色彩搭配。要想将纷繁多样的色彩进行最佳组合搭配，发掘色彩的力量，创造和谐的色彩关系，打造富有感染力的色彩方案，就需要遵循色彩搭配的原则。通常以同类色、近似色和互补色的模式进行搭配（图2-10）。

2.色彩应用体系

从事纺织品色彩设计时，要使用行业标准的色彩体系。目前，纺织服装行业常用的是PANTONE、NCS色彩体系。PANTONE色卡为国际通用的标准色卡，涵盖印刷、纺织、绘图、数码科技等领域的色彩沟通系统，已经成为当今交流色彩信息的国际统一标准语言。NCS色卡是来自瑞典的色彩设计工具，NCS是Natural Colour System(自然色彩系统）的简称。NCS是瑞典、挪威、西班牙等国的国家色彩标准，是欧洲运

同类色
单一色相的明度和饱和度的变化

近似色
使用色相环上相邻的色彩

互补色
使用色相环上彼此相对的色彩

图2-10　三种主要的色彩搭配类型

用最广泛的颜色体系。NCS广泛运用于教学、研讨、建筑、工业、公司形象、软件和商贸等范畴，是国际通用的颜色规范，也是国际通用的颜色体系。

3.色彩学习资源

　　色彩的感觉可以通过不断的训练、积累，从而习得养成。要培养个人的色彩修养和色彩学习习惯。生活中目光所及之处，几乎所有的物品都是色彩的载体，家居产品、配饰、服装及广告等，都不是以单色存在的，而是组合搭配出现的，看到好的色彩搭配，可以用色彩板的形式记录下来，培养自己对色彩的感觉，日久就会慢慢地内化成自己的色彩感悟。设计师需要掌握一定的色彩理论知识，才能进行自如的色彩搭配应用。图2-11所示是一些色彩学习资源。

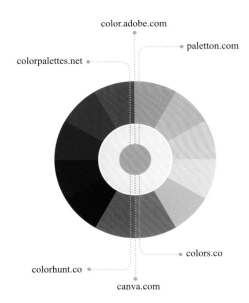

color.adobe.com
paletton.com
colorpalettes.net
colors.co
colorhunt.co
canva.com

图2-11　色彩学习资源

第二章

纺织品色彩搭配原则与方法

什么样的配色方案才称得上是完美的配色方案？简单地说，优美的、充满感染力的配色方案能够引起观者的审美共鸣，能够让人愉悦而产生怦然心动的感觉。本章针对色彩搭配的规律与配色原则，给纺织品设计师提供一些实用的配色技巧。

一、纺织品色彩的应用特点

1.远看颜色近看花

与绘画色彩不同，图案中的色彩与自然中的色彩不同。注意色彩的远效果，即视觉距离。中国民间有句俗话"远看颜色近看花"，意思是说色彩的整体关系非常重要。

2.少套色多效果原则

纺织图案是图形与色彩的交融，两者相辅相成，强调"用色之简"，通过颜色的互相穿插使用，用简洁的色彩语言，追求色彩极简之美。在设计中控制使用色彩的数量，追求少套色、多效果的原则。使用较少的颜色，更凸显纺织面料的质感，简约而不简单。从可持续设计的角度来说，这既是设计师自身社会责任感的体现，也是对环境保护的最大善意之举（图3-1）。

图3-1　黑白极简搭配

3.使用调和的色彩

在纺织品色彩设计中，大多数情况下较少使用原色。在色彩应用搭配中，通常会降低色彩的饱和度和纯度，或者提高色彩明度。比如，红色作为视觉冲击力较强的色彩，在纺织品设计中不太适宜大面积直接使用，但是如果降低红色的纯度、明度，变成酒红色或者紫红色后，就是一种较暗的红色，其中夹杂着一丝蓝色的味道，看上去更加优雅、高贵。而如果降低它的饱和度，提高明度，变成粉色，则象征着女性的柔美、浪漫、梦幻（图3-2、图3-3）。色相的饱和度、冷暖感觉，会发生显著的变化。可见，色彩在色相、饱和度的不同维度上的变化，赋予色彩不同的内涵。调和深浅、色调和浓淡，可以将色相环上的12个基本色调和成无限多的色彩。

图3-2　粉色系色彩灵感板

图3-3　梦幻柔美的粉色系搭配

二、印花纺织品色彩设计的四要素

印花纺织品主要通过色彩和图案来体现其装饰效果,其色彩设计一般由基调色、主色(主导色)、陪衬色、点缀色四个部分组成。

1.基调色

基调色是构成纺织面料色调中面积最大的色彩,对于画面主色调的形成起着决定作用,在纺织品中一般为地色。基调色与其他色彩的配合关系主要表现为:浅色地深色花、深色地浅色花、中间色地深色或浅色花(图3-4)。

图3-4　绿色为基调色的色彩搭配方案

2.主色（主导色）

主导色是主体图案元素要表现的色彩。在印花纺织品设计中，主导色色彩鲜明，突出于地色，在画面中起到主导的作用（图3-5）。

3.陪衬色

陪衬色是衬托主色图案的色彩，但是，主色和陪衬色是相辅相成的，主色占支配地位，陪衬色占从属地位，它们之间有色相、明度、纯度、面积、冷暖等对比关系。在印花纺织品中，图案主色的纯度、明度要高于陪衬色，并与整体色调有关的陪衬色协调一致，从而达到主体鲜明、色彩丰富、层次分明的配色效果（图3-6）。

图3-5 黄色为主导色的色彩搭配方案

图3-6 黄色为陪衬色的色彩搭配方案

纺织品色彩设计

4.点缀色

点缀色是在画面中的适当位置起到点缀提亮的色彩。点缀色可以是不同明度的无彩色，或是不同色相、不同明度、不同纯度的有彩色，可以使画面的整体效果起到画龙点睛的作用（图3-7）。

图3-7　橘色作为点缀色提亮画面

三、色彩搭配的基本原则

自然界的色彩千变万化，如何将这些纷繁多样的色彩组合搭配在一起？按照色相环的色彩原理，可以将色相环上的色彩，按照同类色、邻近色、对比色的组合，尝试不同的色彩搭配方案。

1.同类色搭配

同类色是指色相环上夹角在30度以内的色彩，可以将这一色域范围内的色彩通过纯度、明度及饱和度的对比变化进行组合搭配（图3-8）。

同色系搭配是比较容易掌握的配色方案，实际上，同色系搭配大多数情况下也是比较协调的配色方案。在配色设计中，用共同的色彩基调使画面整体统一，特别是对于在色彩搭配方面缺少经验的初学者，尝试同色系搭配也是相对容易掌握的方法。

图3-8 同类色的饱和度、明度的变化

同类色可以塑造舒缓宁静的配色关系，宁静的配色原则和对比醒目的配色完全相反。使用蓝色、绿色等冷色，避免强烈的对比，或使用绿色、绿松石色、紫色，这些调和色比原色更宁静，浅色调如粉色和淡蓝色比鲜艳的色调更加柔和。一个宁静的配色方案，就像印象派画家的油画一样，永远不会使人厌倦。

但值得注意的是，与对比配色方案相比，同类色在视觉效果上过于统一，同类色虽然在色彩基调上容易协调，但如果在色彩层次上过于统一，就会带来视觉上的乏味感，整体缺乏视觉张力（图3-9）。

图3-9　过于统一的同类色搭配

为了避免色彩视觉上的沉闷感，要控制好同类色的色阶。在同类色色彩应用搭配中，除了追求明度的层次变化，更需要特别注意色相冷暖的变化，在应用组合中拉开色彩之间的层次节奏变化（图3-10~图3-12）。

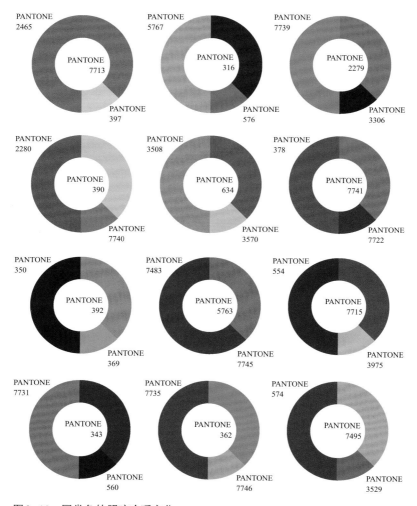

图3-10　同类色的明暗冷暖变化

为了避免同一色相的组合搭配的单调印象，在追求冷暖明暗的维度变化的同时，在同色系的色彩组合中可以尝试一些变化，加入一些看似不和谐的色彩，反而可以塑造独特的色彩美感（图3-13、图3-14）。

图3-11　同类色纺织品设计（一）

图3-12　同类色纺织品设计（二）

图 3-13　蓝绿色中加入棕黄色，使色彩搭配更生动

图 3-14　同类色搭配，红色作为点缀色增添一抹靓丽的色彩

（1）同类色的色彩调和

对于同类色而言，有人会认为，是不是选择同一种基调的色彩进行组合搭配，难免会显得单调乏味呢？其实不然，同类色搭配只要避免使用明度、纯度及色相在同一维度上的色彩，将色彩的明度、纯度拉开层次，并在色相（彩度）上注意微妙的变化，就可以打造统一而不乏活力的色彩方案。为了使色彩搭配更耐人寻味，需要在明度和色相上追求变化（图3-15～图3-17）。

图3-15　同一色相的浓淡变化，突出色彩节奏和层次感

图3-16　同一色相的冷暖、明暗变化

图3-17　同一色相的明暗层次变化

（2）用无彩色调和画面

同类色搭配方案中，如果采用的是明度变化的同类色搭配，则可以利用无彩色调和画面。

图3-18所示的此款墙纸设计中，同类色系有三个色阶，为了增加画面中色彩的层次和节奏感，加入米白色来调和绿色系在纯度和明度上过于统一带来的乏味感。

图3-18　同类色墙纸设计（一）

图3-19所示的蓝色系墙纸设计中，同类色系有三个色阶，由于缺乏色相的冷暖变化，为了增加画面中色彩的层次和节奏感，加入浅米白色来调和画面，调节画面的沉闷感。

（3）明度、纯度、色相的微妙变化

同类色搭配，是变化与统一的对立关系，在色彩组合上，应努力在色相、明度和纯度上追求不同维度的变化，而在整体的色调上，又要追求统一感。如Cole & Son沙发、墙纸色彩设计（图3-20），整体色彩统一在蓝色系的冷调子中，但无论是墙纸

图3-19　同类色墙纸设计（二）

图3-20　科恩森（Cole & Son）墙纸设计

图案，还是沙发，在蓝色的基调中，都在寻求色彩倾向上的明暗、冷暖的微妙变化，还必须考虑到整体色调的统一，使整个同类色搭配方案具有统一和谐而生动的美感（图3-21）。

图3-21　科恩森（Cole & Son）墙纸设计，绿色系在冷暖变化中体现节奏韵律感

同类色的搭配关系，分别采用了偏冷的松石绿、翠绿及偏暖的草绿，在同一色相的色彩应用上，画面统一而富有变化（图3-22）。

（4）同类色的搭配案例

同类色的色彩搭配设计中，在统一色调的冷暖、明暗中寻求更多的变化，可以营造出非常细腻、层次丰富的色彩搭配效果，特别是在室内纺织品的整体设计中，同类色的搭配更能突出织物的质感和格调（图3-23~图3-25）。

图3-22　同色系的色彩调性变化

图3-23　同类色墙纸和沙发设计

图3-24 同类色搭配中，用白色调和画面

图3-25 同类色搭配中，为了避免单调沉闷感，用橘黄色点缀画面

2.邻近色搭配

邻近色是指色相环上夹角在60度以内的色彩，比如蓝和绿、绿和黄、橙和红、红和紫的搭配（图3-26）。不同于同类色的搭配关系，邻近色的组合搭配可以避免色彩过于统一。在整体色彩板中加入调和色、点缀色。在邻近色的某个颜色中，加入对比色，如图3-26所示，群青色和松石绿色为色相环上的邻近色，在色彩板中，蓝绿两色有一定的灰度，为了避免画面沉闷，增加了果绿色，色彩空间和谐明快（图3-27）。绿、蓝、紫色也是邻近色关系，这样的色彩搭配，使画面整体的色彩关系协调平衡（图3-28）。

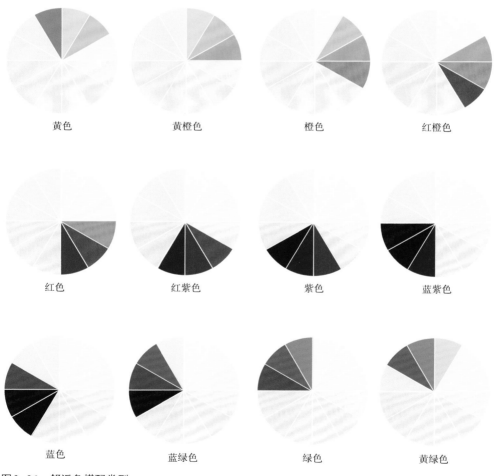

黄色　　　　　　黄橙色　　　　　　橙色　　　　　　红橙色

红色　　　　　　红紫色　　　　　　紫色　　　　　　蓝紫色

蓝色　　　　　　蓝绿色　　　　　　绿色　　　　　　黄绿色

图3-26　邻近色搭配类型

　纺织品色彩设计

图3-27　邻近色搭配方案（一）

图3-28　邻近色搭配方案（二）

图3-29 邻近色搭配方案（三）

《红楼梦》中莺儿道："葱绿柳黄可倒还雅致。"葱绿配柳黄，用的是类似色的配色方法（图3-29、图3-30）。类似色的组合搭配，给人以柔和雅致、和谐统一的视觉效果。威廉·莫里斯的纺织品图案设计中大多采用了类似色的搭配设计（图3-31、图3-32）。

图3-30 邻近色搭配方案（四）

图3-31 邻近色搭配方案（五）

图3-32 邻近色搭配方案（六）

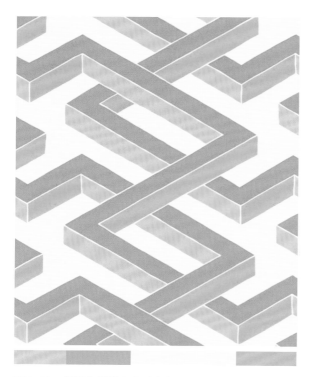

图3-33　邻近色搭配方案（七）

纺织图案是在底色上反复出现的循环图案，是有规律的、密集的色彩集合，色彩的分布比较均匀，因此，对比色应该在面积对比上拉开差距。色彩上过于平均的、势均力敌的面积分布，会产生视觉上的冲突感。需要依据图案的色彩分布来考虑色彩的应用面积，因此，如果图案的每一部分色彩分割得比较均匀，且有一些细节表现，则更适宜采用邻近色的色彩搭配方案（图3-33~图3-35）。

图3-34　邻近色搭配方案（八）

　　纺织品色彩设计

图3-35　蓝色和绿色的邻近色搭配中，加入粉色点缀画面

3.对比色搭配

对比色是色相环上夹角180度的色彩，比如红与绿、橙与紫、黄与蓝。要想设计出令人眼前一亮的色彩方案，设计师要善于运用对比色。对比色中的面积对比、纯度对比和明度对比是对比色配色方案中需要注意的问题。

（1）对比色搭配方式

对比色不是简单地将红与绿、橙与蓝、黄与紫进行组合搭配。对比色的调和需要遵循一定的原则和规律，主要有三种组合搭配的方式（图3-36）。

①分裂互补配色。使用两个邻近色作为基础色（互补双方中的一个基本色）的补色。选定一种颜色，找到与之有补色关系的颜色两侧相邻位置的色相，将三种色彩进行组合搭配，分裂互补能营造出统一和谐的感觉。

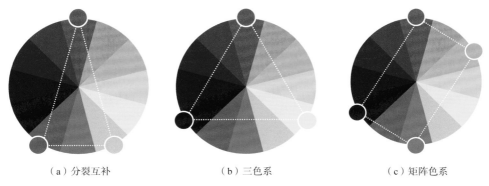

（a）分裂互补　　　　　　　　　　（b）三色系　　　　　　　　　　（c）矩阵色系

图3-36　三种对比色搭配方式

例如，在红、绿这一对互补色中，红色作为补色组合中的基础色，以绿色、蓝绿色这两个邻近色作为红色的补色，这样的色彩搭配方案，在色相上给予绿色一些冷暖的变化，增加互补色一方的层次变化，使整个色彩搭配更富有节奏感（图3-37）。

图3-37　分裂互补配色方案

　　纺织品色彩设计

②三色系（三角对立）配色。将色相环三等分，在色相环中选择呈等边三角形分布的色彩进行搭配，三色系搭配既有对比，又不失均衡（图3-38）。

图3-38　三色系配色方案

③矩阵色系即四边形配色。即使用矩形分布的两对互补色组成的色彩方案。用两组互补色，即红、绿，蓝、黄，进行色彩组合搭配，可以营造饱满的色彩关系。比如以花卉植物为主题的图案，色彩的面积小，色彩分布相对分散，使用两组互补的配色方案，画面丰富，也不会杂乱无章（图3-39）。

如图3-40和图3-41所示的这一组色彩，采用了两组互补色的四边形色彩组合，红、黄、蓝、绿平分秋色，在这样的色彩搭配组合中，加入黑、白无彩色，在画面中起到非常重要的统一和调和作用。

在中国传统艺术中处处可以看到处理得当的对比色，比如江南建筑的白墙与黑瓦

图3-39 由两组互补色组成的矩阵色系配色方案（一）

图3-40 由两组互补色组成的矩阵色系配色方案（二）

图3-41　两组互补色组成，白色作为点缀色

的对比，远看特别雅致，与南方的桃红柳绿的春日意境相互映衬，营造出宜人的江南景致。中国古典名著《红楼梦》中，曹雪芹通过人物服饰的色彩搭配，表现出其在色彩美学上的深厚造诣。比如，《红楼梦》第三十五回"黄金莺巧结梅花络"中，借莺儿之口，做了极生动的色彩搭配美学理论的阐述。莺儿道："汗巾子是什么颜色？"宝玉道："大红。"莺儿道："大红的须是黑络子才好看；或是石青的，才压得住颜色。"宝玉道："松花配什么？"莺儿道："松花配桃红。"宝玉道："这才娇艳。"从《红楼梦》的色彩美学可见，鲜艳的颜色需要用深色才能压得住，或者说用深色分割，进行视觉隔离。

又如，贾母让王熙凤用银红色的"软烟罗"来给林黛玉糊窗子。潇湘馆满院都是翠绿的竹子，如果连窗户都是绿的，就缺少对比，而配上如烟似雾、像彩霞一样的银红色窗纱，万绿丛中一点红，与窗户形成对比或互补。这些对比色的配色技巧，是今天人们学习色彩搭配的典范。

李清照《如梦令·昨夜雨疏风骤》中写道："昨夜雨疏风骤，浓睡不消残酒。试问卷帘人，却道海棠依旧。知否，知否？应是绿肥红瘦。"杨万里写下："接天莲叶无穷碧，映日荷花别样红。"均是对自然界中对比色的再现。

对比色是一对矛盾体，要用变化统一的搭配法则来处理。对比色的应用最忌讳均等感，在明度、纯度和面积上的势均力敌，是对比色搭配的大忌。将明度和纯度一样的两个对比色应用在一个画面，或者将饱和度同等的两个对比色用同样大小的面积应用在画面中，都是不够讲究的色彩对比方法。纺织品图案习惯用两种或者多种对比色，通常用小面积色彩对比，形成非常巧妙的效果。

（2）对比色应用的技巧

色彩对比最忌讳势均力敌的均衡感，为了营造令人舒适愉悦的色彩关系，要力求打破色彩对比中的均衡感，追求色彩组合上的弱对比。

（3）色彩面积对比

面积对比是指色彩在构图中所占的比例关系。色彩的面积对比非常重要，如果是高饱和的色彩对比关系，应该用色彩面积配比上的差异化来抵消色彩饱和度的视觉冲突（图3-42、图3-43）。

一般来说，同类色或者邻近色虽然协调统一，但有时候缺乏惊艳的视觉美感。因此，对比和互补色是经常使用的配色方案。在同一色系为基调的配色中，加入互补色，更容易带来触动心弦的色彩美感（图3-44）。

对比色的应用不可生硬。如图3-45和图3-46所示，画面在以深浅不一的草绿色、浅绿色为色调的基础上，适当加入互补色，而作为补色的红色，选择偏冷的、明度较高的淡粉色，在画面中作为点缀色，带来眼前一亮的效果，为清新的绿色调平添了一抹妩媚娇艳的色彩。要使家居空间的纺织品色彩更温馨而富有生机，丰富而有节奏，就要打破单一色相的单调感，扩大色相的范围（图3-47）。

图3-42　色彩的面积对比（一）

图3-43　色彩的面积对比（二）

图3-44　面积小的色彩采用丰富的层次变化，使画面更生动

图3-45　色彩的面积对比（三）

图3-46 色彩的面积对比（四）

图3-47　色彩的层次变化

　　纺织品色彩设计

（4）色彩的纯度对比

在对比色的搭配中，减弱色彩对比一方的饱和度，用纯度和明度的对比形成视觉上的弱对比（图3-48）。

如果对比双方都采用同样的灰度和饱和度，会略显沉闷，解决这一问题的途径，就是用黑、白、灰等无彩色调和画面。

图3-48　色彩的纯度对比

（5）色彩"视觉隔离"效应

在采用对比色进行色彩搭配时，色彩对比过分强烈会产生视觉上的不适。可在对比双方中，加入一个与对比双方邻近的色彩，来调和色彩关系和画面色彩效果（图3-49、图3-50）。

图3-49 黄色和蓝色的对比搭配，使用绿色进行"视觉隔离"

图3-50 红色和绿色的对比搭配，使用橙色进行"视觉隔离"

纺织品色彩设计

4.中性色的应用

中性色是一个色彩方案中的重要组成部分，棕色、褐色、灰白色是中性色，它们实际上都是由橘色和黄色加入黑、白、灰而得来（图3-51～图3-53）。

中性色可以调节画面的色彩冷暖，调和画面色彩关系。一般来说，棕色、褐色和灰白色可以使画面整体调性偏暖；白色、黑色和灰色给人冷还是暖的感觉，主要取决于与其搭配的色彩，比如，白色和蓝、绿色的搭配，则整体呈现清冷凉爽的色调（图3-54）。

图3-51　棕色和黄色等暖色系组合，显得更加温暖

图3-52 冷色系搭配中，棕色和白色的加入，使画面变得温暖

图3-53 棕色和蓝色搭配，温暖中透出宁静

图3-54　白色和草绿、松石蓝搭配，更显清新淡雅

四、色彩调和的主要方法

　　将不同色相、纯度与明度的色彩并置在一起，想要让它们和谐相处不是易事。无论采用怎样的色彩组合，在创建一个色彩搭配方案之后，将色彩板应用于纺织图案设计的过程中，就会发现色彩板多少会有这样那样的问题，这时候就需要对色彩板中的色彩进行调整。色彩搭配的过程，就是进行色彩调和的过程，使色彩视觉上达到平衡，使色彩关系与图案统一。

　　色彩调和，是依照一定的规律和方法，将不同的色彩有序组合。在考虑配色时，对色相、明度、纯度、色调要怎样调和？想要得到什么样的配色效果？需要将所有色彩放置在一个协调的色彩空间下，如果色彩关系让人看起来非常美妙舒服，说明这些颜色是调和的。

1. 用白色提亮画面

白色的调和能力，体现在两个方面：一方面，在融合的色彩关系中，白色可以起到色彩隔离的作用；另一方面，在多色相的色彩组合关系中，白色的介入，可以统一、调和画面（图3-55）。

白色和黑色的表达方式相似，大多数时候作为图案的背景色，或者作为画面中的

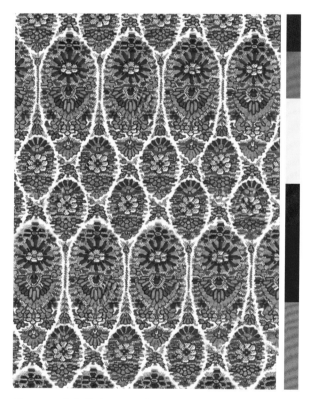

图3-55　白色的介入可以统一纷繁多彩的画面

调和色。如图3-56～图3-58所示，在画面中米白色作为底色大面积地使用，画面小面积的白色花卉和背景色呼应。

图3-56　白色统一缤纷多彩的画面

图3-57　白色作为背景色提亮画面

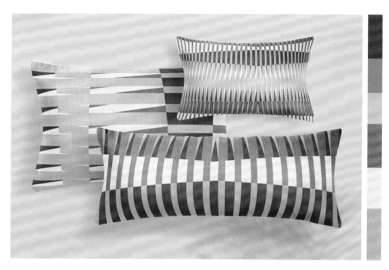
图3-58 白色作为点缀色调和画面

2.用黑色使画面统一

在一组缤纷的色彩中加入黑色，例如著名纺织品图案设计师约瑟夫·弗兰克（Josef Frank）的印花图案设计。主体图案如果是缤纷绚丽的色彩，则用黑色或深棕、深紫、深蓝色作为底色，统一画面。

孤立来看，黑色是单调的色彩，黑色的调和能力是无与伦比的，它能使丰富多彩的多色相颜色关系更加统一协调，视觉效果更加明快活泼。

（1）黑色作为图案的底色

当画面中的色彩比较鲜艳饱和，用黑色作为底色来统一不同色相的饱和色彩，调和画面。如约瑟夫·弗兰克（Josef Frank）的纺织印花图案蔬菜树（Vegetable Tree）系列（图3-59）。

如图3-60所示图案中蓝色、绿色、橘色、橘红色、柠檬黄都是比较鲜艳饱和的颜色，大面积的黑色作为底色，很好地统一调和了画面。

（2）黑色作为局部点缀色

黑、白色都属于无彩色，非常易于搭配和调和，应用最为广泛。比如，黑白色搭配给人极简的印象，凸显时尚，在墙纸和家纺面料设计中是非常时尚俏皮的色彩搭配。此时，黑色不是作为背景色，而是作为主体色中的一个颜色出现（图3-61）。

图3-59　用黑色作为底色，统一画面斑斓的色彩

图3-60　用黑色背景统一多彩的画面

（a）

（3）用黑色轮廓线统一画面

当画面采用的是冲突的对比色，或者是多色相的饱和色，画面元素纷繁多样，这时，就可以采用黑色作为轮廓线来统一画面（图3-62）。

3."颜色靠近"原理

在一组配色中，如果有两种色相，添加其中一个色相的邻近色，可起到调和的作用。比如，以紫色和黄色这一组对比色，加入紫色的邻近色蓝色；在黄色和绿色的搭配中，加入棕色。

（b）

图3-61 黑色作为点缀色彩

图3-62　多色相的色彩搭配，用黑色作为轮廓线统一画面

4.巧妙运用背景色

　　用背景色可以拉近底色和主体色的关系，将背景色渗透到画面中的其他色彩中。一幅纺织品图案作品，在不改变主体图案的基础上，仅仅是改变底色，就能在整体效果上产生很大的变化。如图3-63所示，将珊瑚色的背景色融入花朵、叶子的色彩中，使画面色彩更加和谐。

图3-63　巧妙运用背景色

5.用无彩色调和画面

从纺织品图案色彩搭配的角度来说，色彩是相互影响的。色彩的世界里，白色、黑色、灰色因为没有明确的色彩倾向，被称为无彩色。孤立地看，黑、白、灰的世界比较乏味，无彩色作为比较中性的色彩，缺乏活力。但黑、白、灰色具有较强的包容性。从色彩的组合搭配来说，黑、白、灰和任何色相的色彩都可以搭配（图3-64）。

在纺织品图案设计中，无彩色可以作为底色，将多彩的画面统一，或者是穿插应用在各种饱和的色彩中，包容、平衡画面。中国的建筑彩画、织锦图案、彩绘瓷器、地毯等图案，色彩丰富多样，却不失调和与生动之感。色彩搭配上繁而不乱，在于图

图3-64　黑、白、灰为主的色彩搭配

案的周围用白色、黑色、金色或银色勾勒轮廓，这样可以使复杂的、互不联系的色块得到统一调和，而且富有很强的装饰意味。

　　同样，在一些对比色的组合中，为了增加画面的统一感，用黑、白、灰、金、银色进行勾边，产生视觉上的隔离效应，达到统一调和的效果。

　　黑、白、灰是天生的调和色，几乎可以协调一切鲜艳饱和的色彩。在应用上有两种表现形式，一种作为底色使用，另一种作为点缀色或者调和色，或者作为轮廓线勾边。在大多数情况下，最好的搭配是将黑色作为底色，或者是作为其中一个色彩。在这种情况下，主花型的色彩都可以采用高饱和度的色彩。有时候为了使画面有层次感和节奏感，可以将其中某一个颜色降低纯度，提高明度，作为调和色来协调画面的空间关系。

纺织品图案色彩搭配中，灰色是最容易被忽略的色彩，也是非常重要的色彩。在所有色彩中，灰色是包容性较强的颜色，任何颜色和灰色搭配都可以。灰色可以很好地衬托其他颜色，高级而不张扬；靓丽饱和的颜色，因为灰色的调和，可以衬托出高级感和时尚感（图3-65）。

不论是明亮的黄色，还是沉稳的棕褐色等大地色系，灰色都可以表现出很好的包容性。与灰色在明度、饱和度上差异大的色彩，更容易突出主体色彩，比如灰色和亮黄色的组合搭配；与灰色差异小的色彩，比如灰色和大地色系，更容易体现高雅低调的质感。

图3-65 灰色调和整体色彩关系

6.经典单色图案

"少就是多"这一设计理论在纺织品配色设计中非常适用。纺织品图案的色彩搭配，颜色不是越多越好，为追求简约时尚的风格，"少就是多"也是一种值得推崇的色彩搭配设计理念。在画面中颜色越少越好控制，典型的是单色图案，底色为一种色彩，主体图案为另一种色彩，形成图、地分明的视觉效果。

单色图案不受时尚流行趋势的左右，东西方都有非常有代表性的单色图案纺织品。在中国有蓝染，其中以蓝印花布、扎染为代表，色彩搭配朴素自然；西方以朱伊风格图案为代表，以简约的色彩、精致典雅的图案，代表优雅的法兰西格调，历经一个多世纪，依然颇受消费者的喜爱（图3-66）。

图3-66　朱伊印花图案纺织品

图3-67　蓝白经典"杜飞花样"墙纸设计

图3-68　蓝白经典家居软装设计

单色搭配方案对于初学者来说容易掌握，也易于打造简约时尚的风格。在家居纺织品的图案设计中，单色图案也是常用的一种色彩搭配风格，比如在沙发和墙纸的设计中，这样的配色比较简约时尚，易于和空间环境协调。单一色调的配色，符合当下年轻人群的生活方式。蓝白色彩搭配是最为经典的配色效果，中国传统的扎染、蜡染，塑造了永恒的蓝白经典（图3-67、图3-68）。

除了蓝白搭配以外，近年来，还有以黄白搭配、绿白搭配、棕白搭配的经典案例（图3-69）。如野兽派画家劳尔·杜飞，其大胆感性的艺术作品被应用在纺织品设计上，简化的造型和色彩，其挥洒自如的笔触和大尺寸花型，对纺织品设计领域产生了深远的影响（图3-70）。

图3-69　单色纺织品设计

图3-70　单色墙纸图案

7.双色搭配图案

双色搭配因为色彩上的极简应用，在整体搭配上比较容易。一般来说，有多种组合方式，如同类色双色搭配（图3-71）、对比色双色搭配。

图3-71　橘色、米白色的双色组合搭配

值得注意的是，有时候，单一色系的色彩应用不当，容易产生单调乏味感，所以，总体来说，互补色、对比色是经常使用的配色方案。在同一色系的色彩组合中加入互补色，可以让色彩方案更富有动感。

8.多色相色彩组合搭配

一般来说，织物色彩是以多色相组合方式存在的，条纹、格纹、各种花鸟动物等丰富多彩的印花面料、提花纺织品，有着丰富多彩的色彩对比关系。相比于单色或者双色图案，多色相的对比要复杂得多。要表现富有感染力的色彩关系，就要使色彩尽量丰富，扩大色相的范围。因此，为了让纺织品的色彩更热烈饱满，为了让多色相组合的色彩关系和谐舒展，可以从以下几个方面调和画面。

第一，可以用黑、白、灰无彩色调和统一画面。

第二，找出画面中的主色调，即主导色，用主色调统领画面的色彩关系。

色彩调和的主要原则归纳起来不外乎对比与统一。统一的配色，通常应用色相环上相邻的类似色或者同类色搭配成比较和谐统一的色调；而对比的配色方案则一般采用色相、明度和纯度对比差异大的配色设计。

色彩的调和，既不能单纯强调统一，也不能过分强调对比，使各种颜色有秩序、有节奏地合理配置，就达到了协调统一，也就是比较调和的色彩关系（图3-72和图3-73）。在纺织品上，通过图案、色彩、纹理与质感的相互衬托，产生视觉上的美感和统一。

图3-72　红、蓝、黄、绿、棕多色相组合搭配

图3-73　红、蓝、黄、绿、紫多色相组合搭配

五、色彩搭配需要注意的问题

要打造令人愉悦的、舒适的色彩板，需要精心地打磨。任意一个色彩板，在设计应用的过程中，都需要进行全方位的深入推敲与调整完善，这就是色彩调和的过程，色彩调和是色彩搭配成功的必要过程。

当两种及以上的颜色放在一起时，它们之间会出现色彩对比关系，这种对比关系会在色相、纯度、明度和面积等方面产生不同程度的差异，这种细微的差异会影响这些色彩之间的视觉关系。过分对比的配色需要加强共性进行统一，过分统一协调的配色则需要加强对比来进行调和。为了使画面统一而不令人乏味，对比而不过于冲突，应从整体的视觉关系上来调整色彩的色相、纯度、明度和面积，达到和谐统一的视觉效果。

1.避免沉闷乏味的配色

对于色彩缺乏大胆的想象和尝试，色彩搭配往往会过于拘谨。比如，同类色是色相环中夹角在30度以内的色彩，在这一区域内的颜色，只是微妙地改变色彩的纯度和明度，比较统一，若使用不当，会形成比较沉闷的色彩搭配。这是许多初学者容易陷入的色彩搭配误区。

2.避免过于均等的对比关系

在对比色搭配方案中，要避免高对比色彩方案，尽管对比色视觉效果突出，容易吸引关注，但过于均等的对比关系会透出俗气感。

3.明确色彩基调与主旋律

无论是采用对比色、同类色还是邻近色的色彩搭配方案，都要明确色彩方案中的主色调，因为主色可以决定整个色彩方案的走向。值得注意的是，在多数情况下，主色不一定是一个颜色，而是以某个颜色主导的色系，可能包括3个以上的色彩，它们形成画面的色彩基调（图3-74）。

图3-74　以黄色为基调的黄色、棕绿色搭配

4.色彩的层次与节奏感

无论是采用同类色搭配，还是任意色调，同一个色彩板中的色彩要注意层次变化，塑造画面的色彩动感（图3-75）。

图3-75 红、绿对比色组合，绿色的层次变化丰富

5.背景色的选择应用

决定画面色彩关系的是主体色和底色。除了主体色，在一幅纺织品图案中，底色是画面中面积最大的部分，底色是直接影响画面效果的颜色。一般来说，如果画面的色彩比较饱和，且色相变化较多，就选择最深的颜色作为底色；或者用最浅的颜色作为底色。如果用画面中的中间明度的颜色来作为底色，则需要加入黑、白色来作为调和色。整个画面中的色彩要包含深色、浅色及中间色。

（1）深色底色

如果需要营造清雅、柔和的色彩关系，一般采用白色或者浅色作为图案的底色；如需要塑造浓郁厚重的色彩关系，则可以采用黑色或者较重的色彩来作为画面的底色（图3-76）。

图3-76　深棕色作为底色（约瑟夫·弗兰克 "Vegetable Tree"）

（2）浅色底色

同一图案，分别采用黑色和白色的对比效果。比较约瑟夫·弗兰克的同一幅纺织品图案设计，因为采用的底色不一样，黑色为底色的图案色彩浓郁，白色为底色的图案色彩关系则比较清雅明快（图3-77）。

（3）同色系底色

提取画面中主色调的色彩，在明度与饱和度上做微妙变化，作为画面的底色，也是最容易处理的方式，可以将整个画面的色彩关系统一（图3-78）。

图3-77　白色作为底色（约瑟夫·弗兰克"Vegetable Tree"）

图3-78　图案和底色采用同一色系

6.灰度与饱和度的平衡

对于大多数纺织品图案设计师来说，最容易遇到的问题是，画面特别容易搭配成饱和度较低的灰色调，或者是高饱和度的对比色调。因此，在色彩设计上，要处理好色彩的灰度和饱和度，画面色彩既不要过于统一，也不要过于跳跃张扬。

7.准确使用色彩语言

如何准确使用色彩语言？就是使用明确的色彩，不要使用含糊不清的色彩，要有明确的色相。需要注意的是，无论选择什么样的灰色，或深或浅，或明或暗，色彩一定要具有明确的色彩倾向，一定要注意避免选择没有色彩倾向的浑浊颜色，即俗称的脏颜色。

六、采用有创意的配色方案

色彩具有神奇的力量，遵循一切和谐的色彩搭配规则未必能拥有一个美丽的配色方案。色彩有流行趋势，一年前一个新鲜的、与众不同的色彩在今天看来，可能就是陈腐的、过度使用的色彩，让消费者产生视觉上的审美疲劳。有时候，可以大胆突破创新，力求原创性，采用一种从来没有人使用过的色彩组合。如果使用了一种他人从来没有使用过的色彩组合搭配方案，这就是一个原创的配色方案。在色彩设计中，创意至关重要（图3-79）。

那么，如何打造一个有创意的色彩方案呢？首先必须是富有

图3-79　粉色、橘色点缀画面，活泼而时尚

活力的、和谐的色彩关系（图3-80）。人们都喜欢有律动感的旋律，在音乐的世界，和谐的含义是指音符的结合产生和弦，产生令人愉悦的动人旋律，但是在音乐中，也有一个案例，为音乐注入不和谐的音符，使其具有别样的旋律节奏。同样，在纺织品色彩设计中，有时候看似不和谐的色彩也可以带来独特的色彩搭配风格（图3-81）。

图3-80　点缀色彩的应用让画面更加灵动

　　纺织品色彩设计

图3-81　多色相的色彩搭配风格，大胆而时尚

第四章

解读色彩搭配的奥秘

从事纺织品设计教学多年，深切感受到色彩之于纺织品图案设计的重要性。无论多么出色的图案作品，如果没有完美的色彩方案，也会黯然失色；完美的色彩搭配方案则可以使纺织品图案设计达到事半功倍的效果。

对于纺织品设计专业人士来说，有时候配色设计让人一筹莫展。仅仅是因为有人天生对色彩敏感，而有人色彩感觉不好吗？纺织品配色设计真的很难吗？如何让色彩和谐相处，配色设计有没有规律、方法可循？实际上，色彩设计是有一定的方法和规律可循的，通过系统学习一些配色技巧以及色彩搭配的规律与方法，可以逐步探索形成自己的色彩设计理念与思维方法。

一、感知色彩

设计师应该养成从生活和环境中捕捉色彩灵感的习惯，抓住美丽的色彩瞬间。这些色彩灵感可以用色彩情绪板（Color Moodboard）的形式呈现出来。感知色彩，获取色彩灵感瞬间，并将这些色彩灵感进行分析，梳理色彩表达的方向和思路。

1.捕捉色彩灵感

捕捉美好瞬间，对色彩灵感的获取是比较重要的。收集色彩灵感的方式多种多样，以各种各样的方式来收集色彩灵感是非常有用的，可以培养对色彩的敏锐度，比如手工绘制的色彩卡片、杂志剪报、面料小样。此外，建筑、艺术、绘画、摄影、室内设计、视觉设计及各种时尚潮流资讯，也是获得色彩灵感的渠道与方式；还可以从摄影作品、绘画作品、商业橱窗及产品陈列、家居空间等多渠道获取色彩灵感图片。总之，生活中处处是色彩搭配灵感（图4-1、图4-2）。

2.建立色彩灵感图片库

纺织品设计师需要养成良好的职业习惯，随手收集设计灵感图片，将灵感图

图4-1　捕捉色彩灵感（一）

图4-2 捕捉色彩灵感（二）

片整理成色彩灵感资料库，灵感图片尽量包罗万象。当你在创作时，需要一个
与众不同的色彩板时，就可以参考这些色彩灵感图片，从中提炼一个色彩基调
（图4-3～图4-5）。

图4-3

图4-3 色彩灵感图片及应用（一）

图4-4

图4-4　色彩灵感图片及应用（二）

3.分析和组合色彩灵感

①将捕捉的色彩灵感组合起来。当发现自己的色彩感觉陷入瓶颈，不能从自己的色彩搭配习惯之中跳脱出来时，试着抛开主观的色彩偏好，把注意力集中在通常不会想到的、不寻常的色彩组合上，也可以参考一些色彩流行趋势手册。

②从时尚杂志中挑出自己喜欢的色彩灵感图片，或者将特别的色彩灵感图片剪切下来组合拼贴，制作色彩灵感剪报。

③收集色彩有趣的物品，如纱线或织物小样，或来自大自然的物品（如树叶、苔藓、花朵、果实等），然后在Photoshop中创建颜色标签，从图像中提取色彩，制作创意色彩灵感板（图4-6~图4-8）。

图4-5　色彩灵感图片及应用（三）

图4-6 色彩灵感图片及应用（四）

图4-7　色彩灵感图片及应用（五）

图4-8 色彩灵感图片及应用（六）

二、色彩灵感板的创建与应用

创建色彩灵感板是色彩方案训练的有效方法，创建理想的色彩板可以从两个方面入手，一是色彩情绪板，二是电影色彩板。从这两个方面大量提取色彩板，感受色彩关系和色彩氛围，色彩板呈现的色彩调性。然后，在此基础上，通过一系列的色彩试验，慢慢领会色彩板的应用方法。

1.色彩情绪板

色彩传递情绪，观察色彩，用自我感受表达色彩。从图片中提取色彩灵感是简单可行的创建色彩板的方法（图4-9）。创建个性色彩板的方式有很多，生活中处处是色彩搭配的案例，收集色彩灵感的方式尽量多样化。在创作纺织图案，需要一个特别的色彩板时，就可以参考这些色彩图片。此外，各种潮流资讯，都是获得色彩灵感的渠道（图4-10）。

图4-9　色彩灵感图片及应用（七）

图4-10 色彩灵感图片及应用（八）

2.电影色彩板

色彩作为视觉叙事性的力量，是传达情感的载体。对色彩有独到见解的导演，往往将色彩作为构建故事情节和场景的有力工具。色彩可以烘托气氛和人物内心情感世界，精妙的色彩语言可以使故事的层次结构更加丰富，进而，使影片富有更强的观感。因此，从电影中提取色彩是非常有效的方法。

（1）电影色彩板的创建方法及应用案例

每一部电影都从不同的角度传递着情感与文化，每一帧镜头，从场景到人物着装，都是经过导演精心设计的，对于纺织品设计师来说，从电影画面中提取色彩情绪板，是值得推荐的色彩设计方法。从电影画面中提取色彩，要提取有用的色彩，过滤掉不需要的色彩（图4-11~图4-17）。

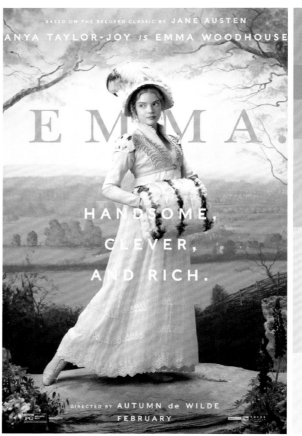

图4-11 《爱玛》电影色彩板及应用

图4-12 《月升王国》电影色彩板及应用

图4-13 《怦然心动》电影色彩板及应用

图4-14 《美女与野兽》电影色彩板及应用

图4-15 《爱乐之城》电影色彩板及应用

图4-16 《情书》电影色彩板及应用

图4-17 《雪莉，现实的愿景》电影色彩板及应用

（2）电影色彩板的系列化应用

在室内软装整体设计中，室内纺织品是系列化的产品设计，其图案、色彩要相互呼应，在视觉上强调整体性和统一性（图4-18、图4-19）。

图4-18 《海蒂与爷爷》电影色彩板及应用

图4-19 《隐藏人物》电影色彩板及应用

3.尝试有趣的色彩试验

在色彩设计中，可以尝试一些有趣的试验，同一组色彩板，改变位置、面积和色彩数量，感受色彩应用的不同。

色彩搭配试验是对设计师想象力的一种挑战，常常可以产生许多意料之外的思路与想法。无论是通过改变对比度、面积比例，打破传统的和谐色彩概念，还是改变色相、饱和度，都会营造意想不到的全新色彩方案。

在图案中分配色彩的面积、位置时，要允许一种色彩占主导地位，与其他颜色形成鲜明对比，传达不同的色彩信息。颜色在色调、饱和度和色度值方面具有表达效果的最大可能性，设计师必须努力统一对比元素，不破坏色彩强度和视觉冲击力，调整色彩的饱和度、面积比例。随着色彩的面积、位置变化，画面视觉效果改变，画面中的情绪和氛围也随之改变。

由《佛罗里达乐园》提取一组色彩情绪板，通过改变色彩的位置、面积与数量，分别将色彩植入同一幅图案，可以看到，色彩带来完全不同的情绪与氛围，其中一个色调是欢愉的，另一个则是忧郁的。如图4-20所示，其中的两个色彩应用，一个应用的主导色是黄色，紫色和蓝色为点缀色，整体色彩明亮俏丽；另一个应用中去掉了黄色，主导色为深紫红色，整体色彩静谧幽暗。

（1）色彩位置和面积配比

同一幅图案，用同一色彩板分别进行色彩搭配，改变色彩板中色彩的面积和位置，可以得到完全不同的色彩效果。有时候，一个最佳的色彩板，和图案的关系并不匹配，也就是图案不能很好地诠释色彩的组合搭配关系，这是因为色彩的面积、位置也在悄然影响着色彩的组合搭配关系。

（2）色彩的布局与调和

色彩搭配与应用试验对设计师来说，既是色彩应用能力的体现，又是想象力的一种挑战，大胆的、打破常规的尝试可以获得更为与众不同的色彩组合方案。

调整色彩的饱和度、比例关系，以及每种色彩的数量，可以带来风格迥异的色彩视觉效果。通过改变对比度、面积和比例，或者打破色彩和谐的思维模式，或者改变明度和饱和度，往往可能产生各种新的色彩互动。

在色彩设计中，色相、饱和度、明度，共同组成一个独特的布局，色彩布局在色

图4-20 《佛罗里达乐园》电影色彩板及应用

调、饱和度和明度值方面的对比，可以发挥色彩表达的最大可能性。需要注意的是，设计师必须努力统一色彩在各个方面的关系，而不破坏画面的整体视觉关系。

调整和控制色彩比例、颜色的数量和面积，可以产生有趣的变化。比如，一小块暖色能控制一大块冷色，这就是色彩的对比。同样，少量的暖色可以占主导地位，尽管两者都具有相同的强度，但较大的面积的浅色应用使设计显得轻盈。相反，大量的深色则使设计显得暗哑，甚至产生忧郁的氛围，颜色组合试验可以使设计师敏锐地观察颜色的相互作用以及色彩之间的关系。

（3）色彩情绪试验步骤

①提取六部不同电影的色彩情绪板。

②阐述为什么选择这几部电影，色彩从画面中哪些部分提取，最打动你的色彩部分是哪个，色彩板在影片中传达的是什么样的情感和氛围。如果将其应用在纺织品设计上，你认为它所传达的是怎样的色彩调性与风格。

③将色彩板应用在纺织品图案设计中，比较色彩的面积、位置，以及色彩关系与氛围。

三、色彩的感性认识与理性表达

1.提取色彩灵感

多视角选取一些不同风格、不同形式的色彩灵感图片（图4-21）。

图4-21　暖棕色系的色彩灵感图片

2.分析色彩灵感

色彩和音乐一脉相承，需要主旋律，更需要调和色。不论是什么色调，也不论是多少种色彩的组合搭配，如果将这些颜色调和，能组成和谐的色彩关系，产生整体统一、视觉平衡的效果，就是一组令人愉悦、富有感染力的配色方案。

3.确定色彩基调

对图片进行分析和整理，明确色彩基调。设计师需要思考，在纺织品设计中，用色彩营造怎样的氛围和格调。从色彩的冷暖关系来看，偏冷还是偏暖；从色彩明度来看，明快还是暗淡；从色相来看，色相必须明确，譬如，偏绿还是偏蓝，偏粉还是偏橙。

4.色彩重构与色彩表达

色彩搭配组合，不是简单地将多个颜色并置在一起，只有别具匠心的色彩调和与配置，才能营造动人的色彩关系（图4-22）。

5.创建个性化色彩板

色彩搭配不是简单将色彩进行拼凑组合，更需要对色彩进行理性的感受与分析。假设你有一个完美的纺织图案设计思路，但是缺乏色彩灵感，你如何提出完美的色彩方案吸引客户，并充分完成色彩设计呢？首先要有一个与众不同的色彩板。

创建个性化色彩板的方式有很多。在色彩设计教学的过程中，色彩感知与色彩表达的两种有效模式，一是灵感色彩板，二是情绪色彩板。灵感色彩板相对是发散性思维的，采集色彩灵感的方式非常广泛。情绪色彩板可以在开始就有一个大概的色彩调性，可以从电影的场景中提取。

怎样在纷繁多样的色彩灵感中理出头绪？

在基础色上，加深（降低明度、饱和度）、微调色调、提亮变浅，可以将色相环上基本的12个色彩扩展出无数种颜色。要打造专业、有趣、平衡的配色方案，最简单的方法之一就是使用既定的基础颜色的几个明度、色调的层次，然后添加一个在色相环上至少距离三个空间的纯色调（或者接近纯色调）的色彩作为强调色或者点缀色（图4-23）。

图4-22　色彩重构与色彩表达

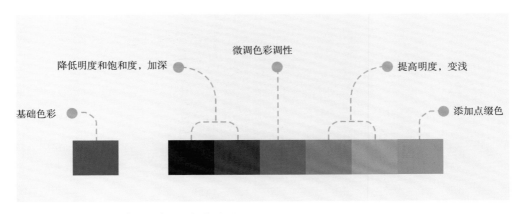

图4-23　合理使用纯度、明度、色相的关系

完美的色彩搭配是感性与理性的结合。通过不断练习，可以不断领悟和积累一些属于自己的色彩搭配心得，掌握一定的规律和方法。理性地选择色彩和运用色彩，才能打造完美的色彩设计方案。

6. 色彩应用与调整

对色彩的调整，主要是色彩板的层次与节奏关系。基于色彩灵感，确定色彩，提取好色彩板之后，并不意味着色彩方案已经万无一失了，在将色彩植入画面后，需要审视画面中色彩的黑、白、灰层次。需要注意的是，这里的黑、白、灰是指不同的色彩在画面中呈现出的明暗关系。对色相、明度、饱和度的节奏感进行梳理。如何找到色彩板中存在的问题？可以通过距离来判断审视色彩板。例如，退后1米，远距离审视色彩板，或者眯着双眼来观察，如果色彩板中有的颜色连成一片，形成一片色块，就说明色彩板的节奏与明暗层次存在问题，色彩的明度和纯度缺乏对比和节奏感。

从图4-24~图4-41所示的色彩应用案例来看，同一个色彩板，画面的构图不同，色彩的位置、面积、数量也不同，画面的色彩关系和整体视觉效果也相应发生了变化。

图4-24　邻近色的色彩灵感提取（一）

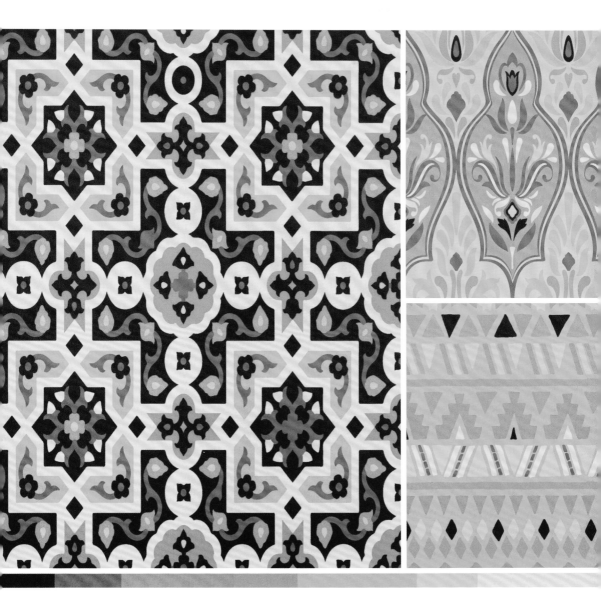

图4-25 邻近色的色彩系列应用（一）

图4-26　同类色的色彩灵感提取（一）

图4-27　同类色的色彩系列应用（一）

图4-28　同类色的色彩灵感提取（二）

图4-29　同类色的色彩系列应用（二）

图4-30　邻近色的色彩灵感提取（二）

　纺织品色彩设计

图4-31　邻近色的色彩系列应用（二）

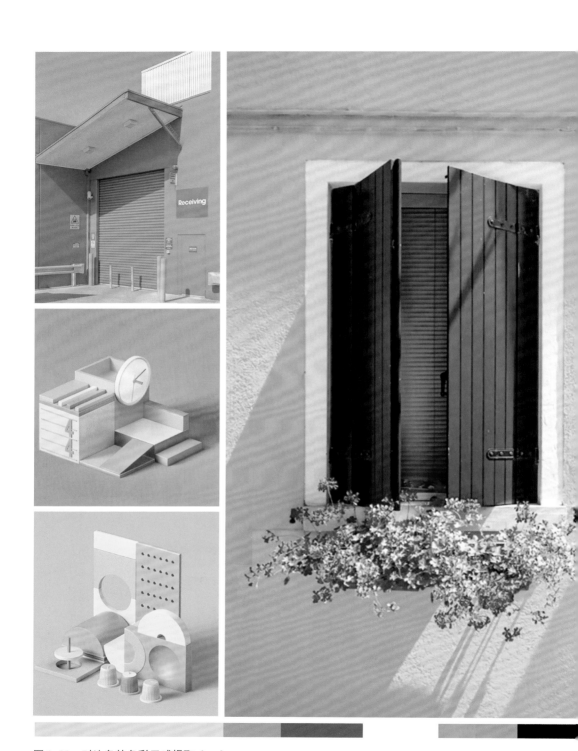

图4-32 对比色的色彩灵感提取（一）

图4-33　对比色的色彩系列应用（一）

图4-34　对比色的色彩灵感提取（二）

图4-35　对比色的色彩系列应用（二）

图4-36 对比色的色彩灵感提取（三）

图4-37 对比色的色彩系列应用（三）

图4-38　邻近色的色彩灵感提取（三）

图4-39　邻近色的色彩系列应用（三）

图4-40 对比色的色彩灵感提取（四）

图4-41　对比色的色彩系列应用（四）

四、色彩搭配应用范例

每一种色彩，分别和不同色相的搭配组合，会带来更多新的启发。色彩明暗、冷暖的变化，赋予色彩不同的风格与内涵。在色彩设计中，通过改变色相的饱和度及冷暖的变化，其风格也会发生显著的变化。如何创造一个引人注目的色彩，或令人惊叹的配色方案？以下这些配色组合可以作为参考。

1.红色及其搭配方案

各种色彩中红色波谱最长，在视觉上给人以紧张感。红色是热烈、奔放的色彩。由于红色视觉冲击力强，容易引起注意，所以在视觉设计中被广泛应用。红色除了具有绝佳的视觉效果，传达出活力、积极、热忱、前进的含义，从色彩的功能性来说，红色还具有警示性的作用，用来作为警告、危险、禁止等标示用色。大红色比较醒目，粉红色代表温柔，深红色给人深沉、热烈的感觉，酒红色给人神秘而优雅的感觉，玫红色妩媚俏皮（图4-42～图4-47）。

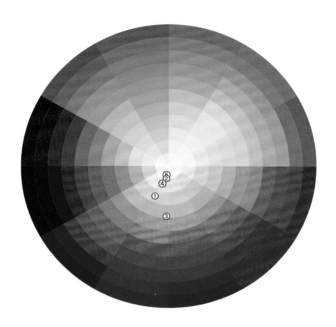

C 6　　R 229	
M 61　G 161	
Y 12　B 183	
K 0	

1

C 8　　R 225
M 51　G 159
Y 2　　B 194
K 0

2

C 4　　R 239
M 26　G 210
Y 2　　B 225
K 0

3

C 7　　R 224
M 66　G 128
Y 26　B 146
K 0

4

C 3　　R 241
M 31　G 201
Y 0　　B 224
K 0

5

C 7　　R 235
M 24　G 210
Y 3　　B 225
K 0

1

C 8　　R 225
M 51　G 159
Y 2　　B 194
K 0

C 9　　R 216
M 82　G 91
Y 59　B 88
K 0

C 8　　R 221
M 67　G 123
Y 93　B 52
K 0

C 10　R 216
M 85　G 79
Y 11　B 142
K 0

C 35　R 175
M 71　G 106
Y 8　　B 161
K 0

2

C 4　　R 239
M 26　G 210
Y 2　　B 225
K 0

C 15　R 223
M 34　G 182
Y 84　B 79
K 0

C 13　R 215
M 65　G 128
Y 12　B 165
K 0

3

C 7　　R 224
M 66　G 128
Y 26　B 146
K 0

C 56　R 95
M 83　G 52
Y 85　B 42
K 37

C 4　　R 243
M 14　G 229
Y 10　B 225
K 0

C 87　R 67
M 99　G 41
Y 28　B 114
K 1

C 71　R 97
M 16　G 165
Y 64　B 124
K 0

4

C 3　　R 241
M 31　G 201
Y 0　　B 224
K 0

C 60　R 126
M 8　　G 188
Y 41　B 172
K 0

C 40　R 178
M 6　　G 210
Y 40　B 177
K 0

C 21　R 218
M 3　　G 233
Y 20　B 218
K 0

C 25　R 207
M 2　　G 232
Y 0　　B 251
K 0

5

C 7　　R 235
M 24　G 210
Y 3　　B 225
K 0

C 13　R 223
M 22　G 205
Y 91　B 69
K 0

C 9　　R 216
M 82　G 91
Y 79　B 65
K 0

图4-42　红色的不同搭配方案（一）

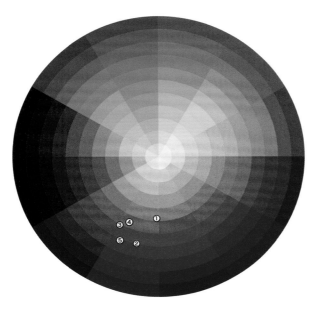

C 12 R 27	M 96 G 22	Y 16 B 127	K 0

1

C 7 R 236	M 84 G 74	Y 29 B 124	K 0

2

C 20 R 214	M 98 G 1	Y 15 B 127	K 0

3

C 22 R 210	M 97 G 65	Y 10 B 144	K 0

4

C 9 R 234	M 86 G 66	Y 10 B 144	K 0

5

C 9 R 230	M 99 G 17	Y 37 B 102	K 0

1

C 7 R 236	M 84 G 74	Y 29 B 124	K 0

C 4 R 242	M 51 G 158	Y 11 B 184	K 0

C 5 R 239	M 69 G 11	Y 73 B 72	K 0

C 4 R 246	M 13 G 230	Y 16 B 217	K 0

C 78 R 73	M 82 G 58	Y 55 B 81	K 23

2

C 20 R 214	M 98 G 1	Y 15 B 127	K 0

C 11 R 231	M 7 G 95	Y 5 B 161	K 0

C 49 R 130	M 90 G 49	Y 85 B 48	K 22

C 0 R 252	M 74 G 101	Y 81 B 48	K 0

3

C 22 R 210	M 97 G 65	Y 10 B 144	K 0

C 84 R 28	M 80 G 28	Y 78 B 28	K 64

C 68 R 99	M 69 G 99	Y 57 B 99	K 8

C 4 R 246	M 4 G 246	Y 4 B 246	K 0

C 21 R 209	M 16 G 209	Y 16 B 209	K 0

4

C 9 R 234	M 86 G 66	Y 10 B 144	K 0

C 8 R 248	M 3 G 242	Y 51 B 156	K 0

C 40 R 168	M 4 G 213	Y 31 B 193	K 0

C 28 R 210	M 7 G 215	Y 99 B 0	K 0

C 2 R 247	M 42 G 178	Y 19 B 183	K 0

5

C 9 R 230	M 99 G 17	Y 37 B 102	K 0

C 0 R 71	M 70 G 43	Y 50 B 17	K 0

C 7 R 9	M 5 G 81	Y 5 B 157	K 0

C 82 R 1	M 40 G 135	Y 8 B 198	K 0

C 100 R 10	M 94 G 42	Y 54 B 81	K 22

图4-43 红色的不同搭配方案（二）

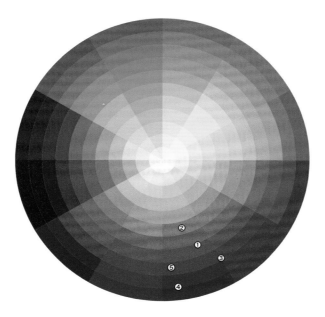

	1	2	3	4	5
C 12 M 98 Y 99 K 0 R 209 G 46 B 39	C 12 M 98 Y 99 K 0 R 209 G 46 B 39	C 10 M 91 Y 81 K 0 R 213 G 68 B 59	C 41 M 96 Y 90 K 7 R 153 G 52 B 51	C 48 M 100 Y 100 K 23 R 124 G 35 B 28	C 24 M 100 Y 100 K 0 R 189 G 41 B 29

1				
C 12 M 98 Y 99 K 0 R 209 G 46 B 39	C 6 M 53 Y 94 K 0 R 241 G 146 B 36	C 9 M 82 Y 59 K 0 R 231 G 82 B 86	C 12 M 96 Y 16 K 0 R 227 G 22 B 127	C 4 M 29 Y 90 K 0 R 252 G 195 B 44

2				
C 10 M 91 Y 81 K 0 R 213 G 68 B 59	C 5 M 75 Y 24 K 0 R 239 G 100 B 139	C 1 M 37 Y 90 K 0 R 254 G 182 B 44	C 92 M 67 Y 24 K 0 R 14 G 91 B 147	C 84 M 80 Y 78 K 64 R 28 G 28 B 28

3				
C 41 M 96 Y 90 K 7 R 153 G 52 B 51	C 88 M 82 Y 66 K 47 R 34 G 40 B 47	C 4 M 5 Y 6 K 0 R 247 G 243 B 240	C 21 M 28 Y 28 K 0 R 211 G 189 B 178	C 48 M 53 Y 56 K 0 R 151 G 127 B 125

4				
C 48 M 100 Y 100 K 23 R 124 G 35 B 28	C 4 M 92 Y 81 K 0 R 222 G 66 B 57	C 5 M 48 Y 86 K 0 R 233 G 163 B 68	C 2 M 9 Y 22 K 0 R 251 G 239 B 211	C 86 M 98 Y 27 K 1 R 70 G 43 B 116

5				
C 24 M 100 Y 100 K 0 R 189 G 41 B 29	C 0 M 96 Y 73 K 0 R 234 G 51 B 61	C 76 M 89 Y 0 K 0 R 100 G 33 B 175	C 92 M 100 Y 52 K 5 R 56 G 25 B 98	

图4-44 红色的不同搭配方案（三）

图4-45 红色的应用效果（一）

图4-46 红色的应用效果（二）

2.绿色及其搭配方案

绿色是一种雅致、柔和的色彩，其所传达的是希望和生命力。绿色包容性强，几乎能包容所有的色彩，无论是童年、青年、中年还是老年，使用绿色都不失活力和大方。绿色还被赋予功能性。在工厂和医院，为了避免视力疲劳，在工作服、医疗服等服装以及病房、手术室等室内空间中被广泛使用（图4-48~图4-53）。

图4-47 红色的应用效果（三）

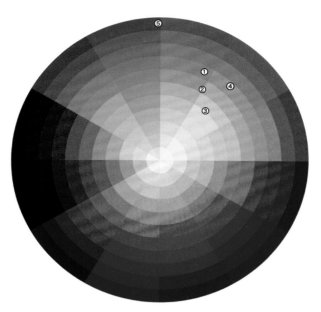

C 26 R 211	
M 11 G 213	
Y 87 B 44	
K 0	

1		2		3		4		5	
C 50 R 150		C 26 R 211		C 17 R 233		C 43 R 179		C 78 R 64	
M 11 G 191		M 11 G 213		M 10 G 233		M 26 G 174		M 37 G 134	
Y 92 B 51		Y 87 B 44		Y 100 B 50		Y 95 B 37		Y 100 B 22	
K 0		K 0		K 0		K 0		K 1	

1					
C 50 R 150	C 25 R 208	C 54 R 140	C 31 R 198
M 11 G 191	M 20 G 199	M 48 G 128	M 8 G 214
Y 92 B 51	Y 55 B 132	Y 97 B 46	Y 65 B 116
K 0	K 0	K 3	K 0

2					
C 26 R 211	C 68 R 81	C 68 R 67	C 24 R 202	C 73 R 84
M 11 G 213	M 29 G 160	M 3 G 188	M 2 G 233	M 48 G 115
Y 87 B 44	Y 4 B 219	Y 56 B 143	Y 0 B 253	Y 94 B 58
K 0	K 0	K 0	K 0	K 8

3					
C 17 R 233	C 21 R 210	C 44 R 158	C 68 R 99
M 3 G 233	M 16 G 210	M 37 G 156	M 60 G 99
Y 83 B 50	Y 15 B 210	Y 33 B 157	Y 57 B 99
K 0	K 0	K 0	K 8

4					
C 43 R 179	C 12 R 242	C 6 R 254	C 4 R 253	C 25 R 207
M 26 G 174	M 7 G 231	M 17 G 219	M 30 G 196	M 43 G 156
Y 95 B 37	Y 72 B 90	Y 81 B 53	Y 84 B 45	Y 91 B 39
K 0	K 0	K 0	K 0	K 0

5					
C 78 R 64	C 69 R 35	C 60 R 107	C 8 R 235	C 6 R 241
M 37 G 134	M 10 G 185	M 8 G 191	M 60 G 133	M 56 G 146
Y 100 B 22	Y 7 B 235	Y 39 B 175	Y 87 B 38	Y 4 B 188
K 1	K 0	K 0	K 0	K 0

图4-48 绿色的不同搭配方案（一）

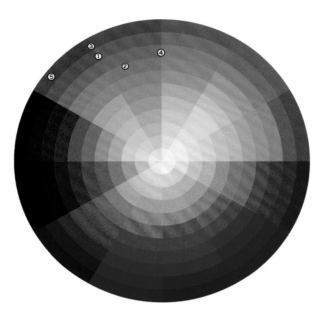

C 81　R 20 M 24　G 149 Y 95　B 67 K 0	**1** C 81　R 20 M 24　G 149 Y 95　B 67 K 0	**2** C 68　R 86 M 13　G 173 Y 96　B 60 K 0	**3** C 84　R 15 M 36　G 132 Y 97　B 64 K 1	**4** C 50　R 151 M 28　G 165 Y 93　B 52 K 0	**5** C 88　R 14 M 51　G 103 Y 76　B 81 K 12
	1 C 81　R 20 M 24　G 149 Y 95　B 67 K 0	C 59　R 112 M 10　G 189 Y 39　B 173 K 0	C 20　R 215 M 3　G 233 Y 18　B 219 K 0	C 24　R 202 M 2　G 233 Y 0　B 253 K 0	
	2 C 68　R 86 M 13　G 173 Y 96　B 60 K 0	C 29　R 199 M 96　G 19 Y 16　B 128 K 0	C 9　R 235 M 73　G 102 Y 89　B 35 K 0	C 6　R 254 M 17　G 219 Y 81　B 53 K 0	C 69　R 46 M 9　G 186 Y 15　B 222 K 0
	3 C 84　R 15 M 36　G 132 Y 97　B 64 K 1	C 21　R 210 M 16　G 210 Y 15　B 210 K 0	C 44　R 158 M 37　G 156 Y 33　B 157 K 0	C 68　R 99 M 60　G 99 Y 57　B 99 K 8	C 84　R 28 M 80　G 28 Y 78　B 28 K 64
	4 C 50　R 151 M 28　G 165 Y 93　B 52 K 0	C 6　R 254 M 17　G 219 Y 81　B 53 K 0	C 4　R 249 M 4　G 246 Y 15　B 227 K 0		
	5 C 88　R 14 M 51　G 103 Y 76　B 81 K 12	C 92　R 46 M 84　G 65 Y 24　B 134 K 0	C 6　R 240 M 57　G 141 Y 51　B 112 K 0	C 37　R 212 M 50　G 202 Y 11　B 201 K 0	C 20　R 179 M 21　G 142 Y 18　B 183 K 0

图4-49　绿色的不同搭配方案（二）

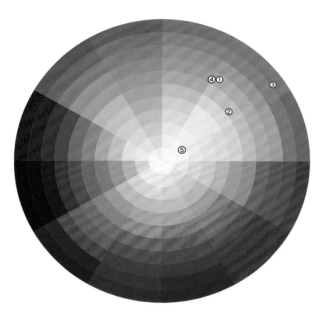

C 36 R 186	1 C 36 R 186	2 C 33 R 194	3 C 57 R 132	4 C 44 R 166
M 29 G 174	M 29 G 174	M 27 G 181	M 50 G 123	M 33 G 162
Y 93 B 38	Y 93 B 38	Y 91 B 41	Y 100 B 22	Y 83 B 71
K 0	K 0	K 0	K 4	K 0

5 C 25 R 208
M 20 G 199
Y 55 B 132
K 0

1 C 36 R 186
M 29 G 174
Y 93 B 38
K 0

C 66 R 105
M 51 G 112
Y 100 B 19
K 0

C 19 R 222
M 36 G 174
Y 89 B 38
K 0

C 16 R 226
M 17 G 212
Y 41 B 163
K 0

C 11 R 239
M 6 G 235
Y 45 B 162
K 0

2 C 33 R 194
M 27 G 181
Y 91 B 41
K 0

C 67 R 100
M 59 G 68
Y 66 B 85
K 12

C 53 R 129
M 68 G 86
Y 100 B 33
K 17

3 C 57 R 133
M 49 G 124
Y 100 B 23
K 4

C 21 R 210
M 16 G 210
Y 15 B 210
K 0

C 44 R 158
M 37 G 156
Y 33 B 157
K 0

C 68 R 99
M 60 G 99
Y 57 B 99
K 8

C 84 R 28
M 80 G 28
Y 78 B 28
K 64

4 C 44 R 166
M 33 G 162
Y 83 B 71
K 0

C 70 R 105
M 69 G 91
Y 37 B 127
K 0

C 11 R 230
M 17 G 217
Y 23 B 200
K 0

C 9 R 235
M 73 G 102
Y 89 B 35
K 0

5 C 25 R 208
M 20 G 199
Y 55 B 132
K 0

C 16 R 226
M 17 G 212
Y 41 B 163
K 0

C 10 R 235
M 11 G 212
Y 19 B 210
K 0

C 37 R 212
M 50 G 202
Y 11 B 201
K 0

图4-50　绿色的不同搭配方案（三）

图4-51　绿色的应用效果（一）

图4-52　绿色的应用效果（二）

图4-53 绿色的应用效果（三）

3.黄色及其搭配方案

黄色是所有色相中最为明亮的色彩，具有灿烂、辉煌的光芒。在工业用色中，黄色被用来警告危险和提醒注意，例如道路作业中的工作服、学童的安全帽、建筑工人的安全帽等。黄色可以和许多色彩搭配。黄色和紫色搭配，视觉对比强烈（图4-54～图4-58）。

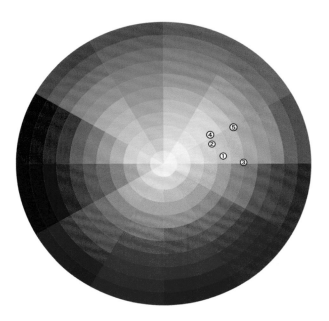

C 4 R 255 M 26 G 203 Y 82 B 49 K 0	**1** C 4 R 255 M 26 G 203 Y 82 B 49 K 0	**2** C 6 R 264 M 17 G 219 Y 81 B 53 K 0	**3** C 4 R 249 M 40 G 176 Y 84 B 45 K 0	**4** C 5 R 253 M 5 G 238 Y 82 B 47 K 0	**5** C 13 R 238 M 22 G 205 Y 86 B 40 K 0

1 C 4 R 255 M 26 G 203 Y 82 B 49 K 0	C 7 R 253 M 5 G 240 Y 64 B 112 K 0	C 4 R 253 M 30 G 240 Y 84 B 112 K 0	C 25 R 207 M 43 G 156 Y 91 B 39 K 0

2 C 6 R 264 M 17 G 219 Y 81 B 53 K 0	C 0 R 255 M 0 G 255 Y 0 B 255 K 0	C 21 R 210 M 16 G 210 Y 15 B 210 K 0

3 C 4 R 249 M 40 G 176 Y 84 B 45 K 0	C 18 R 218 M 62 G 128 Y 17 B 163 K 0	C 18 R 217 M 77 G 90 Y 78 B 58 K 0	C 50 R 140 M 71 G 86 Y 90 B 48 K 13	C 84 R 28 M 80 G 28 Y 78 B 28 K 64

4 C 8 R 253 M 5 G 238 Y 82 B 47 K 0	C 11 R 239 M 7 G 235 Y 44 B 164 K 0	C 24 R 202 M 2 G 233 Y 0 B 253 K 0

5 C 13 R 238 M 22 G 205 Y 86 B 40 K 0	C 20 R 212 M 21 G 202 Y 18 B 201 K 0	C 67 R 100 M 59 G 98 Y 66 B 85 K 12	C 53 R 129 M 68 G 86 Y 100 B 33 K 17	C 57 R 95 M 84 G 42 Y 100 B 11 K 43

图4-54 黄色的不同搭配方案（一）

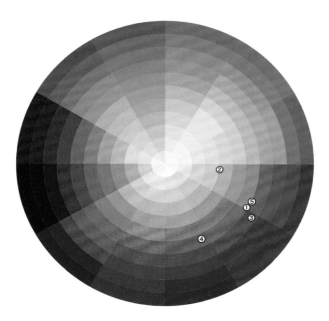

C 11 R 231	C 11 R 231
M 73 G 103	M 73 G 103
Y 87 B 40	Y 87 B 40
K 0	K 0

1

C 4 R 244	C 0 R 229	C 0 R 236	C 5 R 250
M 61 G 131	M 95 G 56	M 95 G 54	M 34 G 187
Y 85 B 39	Y 94 B 39	Y 90 B 41	Y 83 B 46
K 0	K 0	K 0	K 0

2 **3** **4** **5**

1

C 11 R 231	C 35 R 170	C 59 R 15	C 25 R 207
M 73 G 103	M 57 G 72	M 28 G 165	M 43 G 156
Y 87 B 40	Y 100 B 33	Y 17 B 198	Y 91 B 39
K 0	K 2	K 0	K 0

2

C 4 R 244	C 82 R 85	C 7 R 240	C 85 R 46
M 61 G 131	M 100 G 31	M 52 G 153	M 83 G 45
Y 85 B 39	Y 39 B 106	Y 36 B 144	Y 62 B 61
K 0	K 3	K 0	K 40

3

C 11 R 29	C 31 R 192	C 15 R 222	C 7 R 239
M 84 G 75	M 95 G 44	M 89 G 60	M 72 G 106
Y 81 B 49	Y 94 B 40	Y 84 B 47	Y 34 B 127
K 0	K 1	K 0	K 0

4

C 7 R 241	C 6 R 242	C 7 R 253
M 54 G 146	M 41 G 179	M 5 G 240
Y 86 B 40	Y 1 B 210	Y 64 B 112
K 0	K 0	K 0

5

C 5 R 250	C 21 R 210	C 44 R 158	C 68 R 99	C 8 R 28
M 34 G 187	M 16 G 210	M 37 G 156	M 60 G 99	M 80 G 28
Y 83 B 46	Y 15 B 210	Y 33 B 157	Y 57 B 99	Y 78 B 28
K 0	K 0	K 0	K 8	K 64

图 4-55　黄色的不同搭配方案（二）

图4-56 黄色的应用效果

图4-57 橙黄色的应用效果

图4-58　橙色的应用效果

4.蓝色及其搭配方案

　　蓝色象征着宽广和宁静，可以抚慰情绪，蓝色是永恒的象征，纯净的蓝色表现出清爽、宁静和平和。蓝色也代表忠诚、庄重和优雅。天蓝色可以作为医院及医疗卫生设备的装饰，或者夏日的室内家居纺织品、服饰等方面的设计（图4-59～图4-63）。

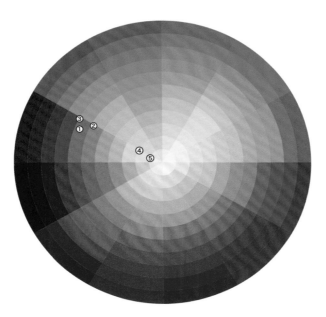

	1	**2**	**3**	**4**	**5**
C 69 M 10 Y 7 K 0	R 35 G 185 B 235	C 69 M 10 Y 7 K 0	R 35 G 185 B 235	C 69 M 13 Y 15 K 0	R 46 G 186 B 122

C 69　R 35
M 10　G 185
Y 7　 B 235
K 0

1 C 69　R 35
M 10　G 185
Y 7　 B 235
K 0

C 68　R 88
M 36　G 148
Y 10　B 202
K 0

C 29　R 192
M 4　 G 227
Y 2　 B 249
K 0

C 20　R 213
M 6　 G 230
Y 2　 B 246
K 0

1 C 69　R 35
M 10　G 185
Y 7　 B 235
K 0

C 59　R 12
M 10　G 189
Y 39　B 173
K 0

C 47　R 160
M 27　G 170
Y 93　B 48
K 6

C 50　R 150
M 11　G 191
Y 92　B 51
K 0

C 7　 R 25
M 7　 G 236
Y 80　B 56
K 0

2 C 69　R 46
M 13　G 186
Y 15　B 122
K 0

C 8　 R 236
M 66　G 122
Y 27　B 145
K 0

C 9　 R 235
M 73　G 102
Y 89　B 35
K 0

C 13　R 237
M 22　G 204
Y 83　B 51
K 0

C 10　R 223
M 11　G 127
Y 9　 B 227
K 0

3 C 68　R 88
M 36　G 148
Y 10　B 202
K 0

C 21　R 210
M 16　G 210
Y 15　B 210
K 0

C 44　R 158
M 37　G 156
Y 33　B 157
K 0

C 68　R 99
M 60　G 99
Y 57　B 99
K 8

C 84　R 28
M 80　G 28
Y 78　B 28
K 64

4 C 29　R 192
M 4　 G 227
Y 2　 B 249
K 0

C 7　 R 255
M 7　 G 236
Y 80　B 56
K 0

C 1　 R 255
M 1　 G 253
Y 8　 B 241
K 0

5 C 20　R 213
M 6　 G 230
Y 2　 B 246
K 0

C 11　R 239
M 6　 G 235
Y 45　B 162
K 0

C 6　 R 254
M 17　G 219
Y 81　B 53
K 0

C 1　 R 255
M 24　G 210
Y 44　B 151
K 0

C 21　R 210
M 16　G 210
Y 15　B 210
K 0

图4-59　蓝色的不同搭配方案（一）

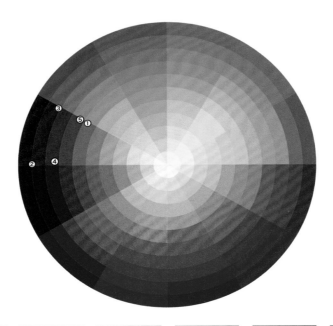

C 86　R 16	C 86　R 16
M 55　G 109	M 55　G 109
Y 13　B 176	Y 13　B 176
K 0	K 0

1

C 96　R 37	C 94　R 10
M 89　G 56	M 71　G 83
Y 21　B 153	Y 30　B 136
K 0	K 0

3

C 91　R 50	C 83　R 18
M 85　G 52	M 46　G 124
Y 0　B 173	Y 22　B 172
K 0	K 0

4 **5**

1

C 86　R 16	C 48　R 156
M 55　G 109	M 42　G 143
Y 13　B 176	Y 100　B 29
K 0	K 0

C 41　R 167	C 87　R 71
M 84　G 73	M 97　G 44
Y 98　B 39	Y 61　B 115
K 6	K 1

C 94　R 9
M 73　G 80
Y 13　B 156
K 0

2

C 96　R 37	C 10　R 232
M 89　G 56	M 73　G 103
Y 21　B 153	Y 183　B 48
K 0	K 0

C 11　R 241	C 50　R 150
M 12　G 225	M 11　G 191
Y 53　B 140	Y 92　B 51
K 0	K 0

3

C 94　R 10	C 84　R 19
M 71　G 83	M 46　G 121
Y 30　B 136	Y 45　B 135
K 0	K 0

C 29　R 199	C 13　R 225
M 38　G 145	M 37　G 177
Y 93　B 37	Y 98　B 53
K 0	K 0

C 21　R 213
M 63　G 121
Y 86　B 48
K 0

4

C 91　R 50	C 74　R 39
M 85　G 52	M 93　G 0
Y 0　B 173	Y 90　B 0
K 0	K 72

C 13　R 27	C 0　R 255
M 22　G 207	M 0　G 255
Y 9　B 216	Y 0　B 255
K 0	K 0

C 23　R 208
M 89　G 59
Y 95　B 35
K 0

5

C 83　R 18	C 69　R 35
M 46　G 124	M 10　G 185
Y 22　B 172	Y 7　B 235
K 0	K 0

C 8　R 239	C 50　R 139
M 5　G 242	M 22　G 181
Y 0　B 251	Y 5　B 223
K 0	K 0

C 21　R 202
M 2　G 23
Y 0　B 253
K 0

图4-60　蓝色的不同搭配方案（二）

图4-61　蓝色的应用效果（一）

图4-62　蓝色的应用效果（二）

图4-63　蓝色的应用效果（三）

5.紫色及其搭配方案

在所有颜色中紫色是波长最短的可见光波，是色相中最暗的色彩，紫色既具有优雅的魅力，又富有神秘感，显得孤独而高贵，紫色是具有强烈的女性化气质的色彩。在商业用色中，紫色的使用有一定的局限性，更多作为女性和儿童的产品色彩，比如女性服饰、化妆品，儿童玩具等。紫色处于冷暖之间游离不定的状态，在色彩搭配上，紫色适宜和白、黑、灰色以及棕褐色等中性的色彩搭配。紫色和橙色搭配，活力中透出优雅神秘（图4-64～图4-68）。

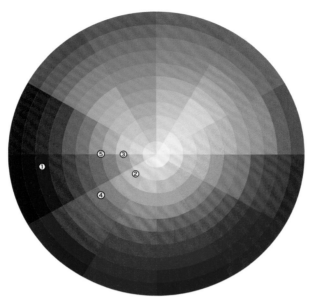

C 52	R 146	
M 52	G 131	
Y 0	B 216	
K 0		

1

C 68	R 113	
M 82	G 71	
Y 15	B 145	
K 0		

2

C 28	R 196	
M 41	G 164	
Y 4	B 203	
K 0		

3

C 36	R 177	
M 32	G 174	
Y 0	B 221	
K 0		

4

C 42	R 169	
M 60	G 120	
Y 8	B 175	
K 0		

5

C 52	R 146	
M 52	G 131	
Y 0	B 216	
K 0		

1

C 68	R 113	
M 82	G 71	
Y 15	B 145	
K 0		

C 8	R 236	
M 58	G 138	
Y 53	B 109	
K 0		

C 10	R 234	
M 49	G 158	
Y 5	B 194	
K 0		

C 1	R 252	
M 22	G 217	
Y 14	B 211	
K 0		

2

C 28	R 196	
M 41	G 164	
Y 4	B 203	
K 0		

C 42	R 163	
M 5	G 211	
Y 30	B 195	
K 0		

C 4	R 246	
M 26	G 209	
Y 2	B 26	
K 0		

3

C 36	R 177	
M 32	G 174	
Y 0	B 221	
K 0		

C 22	R 207	
M 20	G 206	
Y 0	B 240	
K 0		

C 14	R 26	
M 10	G 28	
Y 2	B 241	
K 0		

C 42	R 164	
M 36	G 163	
Y 11	B 197	
K 0		

4

C 42	R 169	
M 60	G 120	
Y 8	B 175	
K 0		

C 6	R 241	
M 50	G 157	
Y 21	B 170	
K 0		

C 24	R 202	
M 2	G 23	
Y 0	B 253	
K 0		

5

C 52	R 146	
M 52	G 131	
Y 0	B 216	
K 0		

C 21	R 209	
M 16	G 209	
Y 16	B 209	
K 0		

C 0	R 255	
M 0	G 255	
Y 0	B 255	
K 0		

C 63	R 1	
M 88	G 1	
Y 89	B 1	
K 80		

图4-64　紫色的不同搭配方案（一）

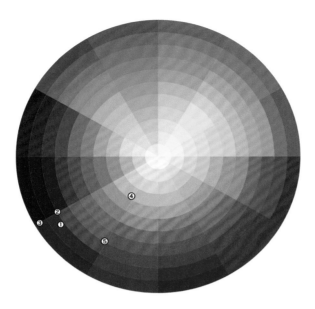

C 72	C 72	C 86	C 85	C 42	C 54
M 97	M 97	M 96	M 100	M 60	M 97
Y 19	Y 19	Y 20	Y 56	Y 8	Y 17
K 0	K 0	K 0	K 22	K 0	K 0
R 108	R 108	R 72	R 69	R 169	R 148
G 39	G 39	G 54	G 19	G 120	G 35
B 128	B 128	B 129	B 78	B 175	B 129

1

C 72	C 12	C 6	C 4	C 25
M 97	M 7	M 17	M 30	M 43
Y 19	Y 72	Y 81	Y 84	Y 91
K 0	K 0	K 0	K 0	K 0
R 108	R 242	R 254	R 253	R 207
G 39	G 231	G 219	G 196	G 156
B 128	B 90	B 53	B 45	B 39

2

C 86	C 9	C 14
M 96	M 73	M 94
Y 20	Y 89	Y 17
K 0	K 0	K 0
R 72	R 235	R 226
G 54	G 102	G 23
B 129	B 35	B 128

C 85	C 48	C 40	C 87	C 94
M 100	M 42	M 83	M 97	M 76
Y 56	Y 100	Y 100	Y 31	Y 13
K 22	K 0	K 5	K 1	K 0
R 69	R 156	R 170	R 70	R 8
G 19	G 143	G 72	G 44	G 80
B 78	B 29	B 33	B 115	B 156

4

C 42	C 6	C 24
M 60	M 50	M 2
Y 8	Y 21	Y 0
K 0	K 0	K 0
R 169	R 241	R 202
G 120	G 157	G 233
B 175	B 170	B 253

5

C 54	C 21	C 44	C 68	C 84
M 97	M 16	M 37	M 60	M 80
Y 17	Y 15	Y 33	Y 57	Y 78
K 0	K 0	K 0	K 8	K 64
R 148	R 21	R 158	R 99	R 28
G 35	G 210	G 99	G 99	G 28
B 129	B 210	B 157	B 99	B 28

图4-65　紫色的不同搭配方案（二）

图4-66　紫色的应用效果（一）

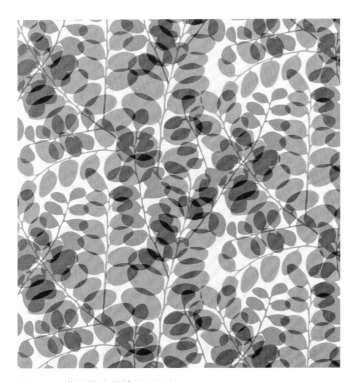

图4-67 紫色的应用效果（二）

6.棕色及其搭配方案

棕褐色属于大地的色彩，来自土地、岩石、树木的色彩具有厚重、博大、稳重、朴素的气质；褐色也是鸟类羽毛、动物毛皮的色彩，具有天生的朴素温暖的质感；棕褐色也是秋天果实的色彩，象征着丰收、充实，饱满，给人以温暖、舒适与信赖的感觉。从色彩的搭配应用来看，棕色也是非常包容的色彩，可以和任何颜色轻松组合搭配。棕色和蓝色搭配，沉静优雅；反之，和暖色搭配，温暖质朴（图4-69~图4-72）。

图4-68 紫色的应用效果（三）

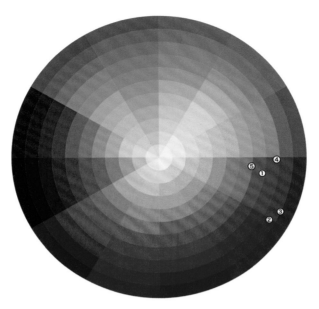

C 37	R 180		1	C 37	R 180		2	C 49	R 133		3	C 52	R 119		4	C 47	R 154		5	C 40	R 173
M 75	G 90			M 75	G 90			M 95	G 37			M 84	G 55			M 64	G 102			M 71	G 97
Y 97	B 38			Y 97	B 38			Y 100	B 25			Y 100	B 27			Y 100	B 26			Y 99	B 35
K 2				K 2				K 23				K 29				K 6				K 3	

1	C 37	R 180		C 44	R 157		C 13	R 228		C 7	R 241		C 21	R 215
	M 75	G 90		M 27	G 176		M 16	G 216		M 5	G 241		M 47	G 151
	Y 97	B 38		Y 11	B 206		Y 21	B 202		Y 6	B 239		Y 81	B 61
	K 2			K 0			K 0			K 0			K 0	

2	C 49	R 133		C 6	R 254		C 21	R 210		C 4	R 246
	M 95	G 37		M 17	G 219		M 16	G 210		M 4	G 246
	Y 100	B 25		Y 81	B 53		Y 15	B 210		Y 4	B 246
	K 23			K 0			K 0			K 0	

3	C 52	R 119		C 21	R 215		C 22	R 207		C 40	R 172		C 11	R 236
	M 84	G 55		M 32	G 181		M 22	G 197		M 82	G 75		M 43	G 165
	Y 100	B 27		Y 58	B 118		Y 24	B 108		Y 100	B 33		Y 83	B 57
	K 29			K 0			K 0			K 4			K 0	

4	C 47	R 154		C 13	R 231		C 5	R 245		C 93	R 0
	M 64	G 102		M 80	G 79		M 6	G 241		M 88	G 3
	Y 100	B 26		Y 0	B 162		Y 12	B 29		Y 96	B 6
	K 6			K 0			K 0			K 77	

5	C 40	R 173		C 48	R 156		C 48	R 137		C 87	R 71		C 94	R 8
	M 71	G 97		M 42	G 143		M 100	G 18		M 97	G 44		M 73	G 80
	Y 99	B 35		Y 100	B 29		Y 100	B 10		Y 31	B 1		Y 13	B 156
	K 3			K 0			K 22			K 1			K 0	

图4-69　棕色的不同搭配方案

图4-70 棕色的应用效果（一）

图4-71 棕色的应用效果（二）

图4-72　棕色的应用效果（三）

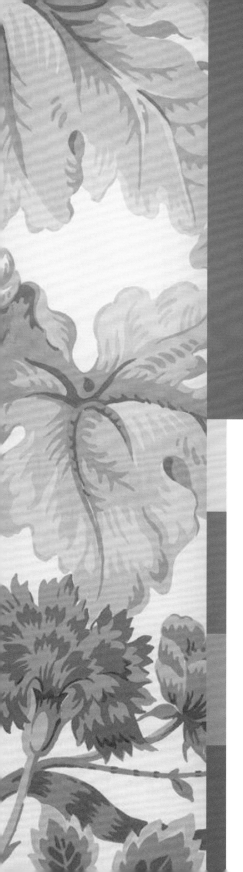

第五章

打造完美配色方案

色彩搭配训练是一个长期的过程，想要练就驾轻就熟的色彩搭配能力，需要反复体会和练习积累，色彩品位和色彩感觉的培养不是一蹴而就的事情。

作为纺织品设计师，你是否觉得色彩搭配只能凭借感觉和经验？对于初学者来说，在纺织品配色设计中，是否在大多数时候是一边想一边做，做出了一个理想的配色方案，却很可能是无意识做出来的结果？有时候，配色的过程是不断试错的过程。如果没有总结一定的搭配规律和方法技巧，在配色设计的过程中，有时候可能会一筹莫展，这主要是因为没有找到行之有效的色彩应用与搭配的规律与方法。

其实，设计是有规律可循的，色彩搭配设计也是如此。对于纺织品设计师来说，色彩设计需要构建色彩思维，形成一套色彩设计的思维与方法。

一、色彩心理与色彩偏好

色彩与性格有关，每个设计师都有自己偏爱的色彩。色彩也具有民族性、地域性，由于民族文化、宗教信仰、自然环境、政治经济等因素，使不同国家、不同民族、不同地区的人们对于色彩有着不同的偏好，色彩也就有了不同的象征性。例如，亚洲国家偏爱黄色，伊斯兰国家喜爱绿色，非洲国家偏爱鲜艳的色彩，西欧国家偏爱奶白色、咖啡色等。成长的环境对人的色彩感觉的形成具有潜移默化的影响，当然，根据时代的变迁以及色彩流行趋势的影响，大众喜欢的颜色也在不断发生变化。

颜色是主观的、情绪化的，它也是设计中最具有表现力的元素。在设计中，应该打破常规，去尝试一些不同于个人常规偏好的色彩。

二、目标对象与配色设计

选择色彩时，要充分考虑到诉求对象的色彩偏好，正确使用配色方案可以使设计目标和设计效果更加理想。在进行纺织产品的色彩设计时，必须结合目标人群的年龄、职业、文化程度以及所生活的地域环境综合分析，针对不同的目标群体，进行相应的配色设计，因为这些因素都影响着一个人的色彩喜好。比如，对女性而言，从孩提时期、青少年、中年到老年，色彩沿着活泼—靓丽—淡雅—沉稳不断发生变化。因此，针对不同群体的色彩偏好，在色彩设计与搭配上是显著不同的。

为了做好色彩设计，必须了解色彩心理学。了解目标对象的色彩偏好，可以有效地进行色彩设计。使用与其性别、年龄相符合的色彩非常重要，比如，男性一般喜欢蓝色系等冷色调居多，而女性更偏爱红色和粉色系等靓丽柔和的色彩。加之年龄层的不同，色彩的纯度和明度在搭配上也相应不同。

面对日常生活中衣、食、住、行等方方面面的色彩，养成色彩思维习惯，想一想，如果是自己，该如何表现？把生活的环境变成无处不在的色彩设计训练场，不断地探索体会，享受色彩带来的快乐，才能成为优秀的纺织品设计师。

三、如何创建理想的色彩板

如何创建一个理想的色彩板，对纺织品设计师来说是一个挑战。每个人都有自己钟爱的色彩，在创建色彩板时，或许会发现自己总是偏爱某一类色彩，比如，习惯使用大地色系，或者偏爱使用一些明亮的色彩，或者沉浸在某一种色调，如水鸭蓝、靓丽橙、高级灰等中不能自拔。对于纺织品设计师来说，偏爱某种颜色或者某一类色彩搭配都无可厚非。但是，如果在色彩设计方案中反复使用同样或者类似的色彩难免会产生审美疲劳，使人感到乏味。因此，色彩需要创新，在时尚潮流不断变化的时代，只有不落俗套的色彩搭配方案才能对客户产生吸引力。

1. 色彩的情绪传递

掌握色彩传递情绪的奥秘，设计师可以充分运用色彩这一与消费者情感交流的媒介，让设计方案更好地迎合消费者的消费心理，用色彩增强消费者的美好体验，用色彩更好地赋予产品价值，使产品更具辨识度。

那么，怎样用色彩传递情绪呢？从电影中提取色彩情绪板是值得尝试的有效方法。色彩与构图是电影的主要叙事语言。以电影《布达佩斯大饭店》为例，该片将色彩运用发挥到极致，美到无与伦比的粉色、马卡龙色等糖果般明艳的配色，成为其独特的电影叙事语言。导演非常擅长用画面与色彩来传递欢快的氛围与细腻的情感。通过精湛的色彩构思与色调搭配，在故事情节、场景、人物形象塑造与美学造型表达上为影片增色良多（图5-1）。大面积的粉色令整体色彩奇异瑰丽，暖色调的温暖明丽一览无余，色彩层次参与影片叙事，起到了表情达意的作用。

图5-1　电影《布达佩斯大饭店》色彩情绪板

那么，色彩有温度吗？有情感吗？色彩是主观的反应，色彩与情绪相互作用与影响，色彩可以传递乐观情绪，也可以传递悲观的情绪，因此，色彩是情感的再现与表达。色彩影响审美，同样可以影响和改变人的情绪，正如阳光明媚的日子，人的心情是欢愉的，而阴雨天，人的心情是低落的。明快的色彩，可以使人心情愉悦；暗淡的色彩，则会使人心情郁闷；柔和的配色可以使人感觉轻快。可见，色彩是能影响人的心情的，不同的色彩能产生不一样的情绪，比如"欢快""忧郁"。不同的色彩也能带来不一样的味道，比如"甜美""苦涩"。

不同的色调，可以营造不同的色彩氛围与格调，比如复古怀旧、甜美浪漫、清新雅致、华美明艳、异域风情、简约时尚等。

（1）甜美欢快的色彩

以可爱的糖果色、马卡龙色系为基调，以淡粉、粉蓝、淡黄、薄荷绿这些低饱和度的色彩为主，营造明快、愉悦的色彩氛围（图5-2）。

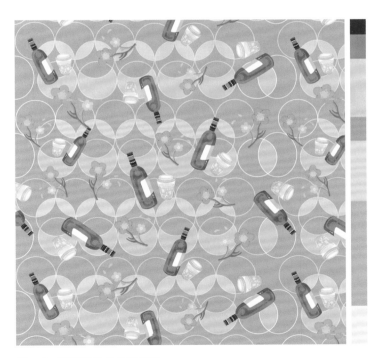

图5-2　甜美欢快的色彩搭配

（2）浓郁奔放的色彩

以深色为背景底色，画面穿插饱和的黄色、橙色、绿色、蓝色、粉色、白色等饱

图5-3　浓郁奔放的色彩搭配

图5-4　沉闷忧郁的色彩搭配

和度较高的明快色彩，对比强烈，色彩氛围浓郁（图5-3）。

（3）沉闷忧郁的色彩

以深墨绿、灰绿、棕色、灰蓝色等暗淡的、低饱和度的、中性的色彩为主，给人沉闷凝重的感觉（图5-4）。

色彩情绪板能帮助设计师节省时间，明晰方向，从而提高工作效率。因为，对设计师来说，在配色设计的最初阶段，也许并不确定纺织品图案的色彩关系最终呈现的模样，但色彩情绪板可以帮助设计师在脑海中大致构建一个清晰的设计思路和想法。因为，最初收集的色彩灵感可以大致反映出色彩主题概念，所针对的目标群体、设计定位以及相关信息。

在这个过程中，可以把色彩灵感制作成色彩剪贴板，或者可以在计算机上直接将采集的灵感图片进行色彩提取。如果没有丰富的色彩灵感图片，缺乏一些明晰的思路，在设计资讯平台Pinterest、Behance等可以找到丰富有趣的色彩情绪板（mood board）。这些都为色彩设计工作提供了诸多的灵感源泉。

2.色彩的格调表达

色彩是传达情感的通道，也是设计师与消费者沟通的桥梁。色彩的使用既可以是理性的，也可以是感性的。色彩的重要作用是传达情绪与营造氛围。

（1）异域风情的色彩

富有民族特色的纺织服饰色彩，一般在深蓝色、黑色地上，装饰以红色、桃红、粉红、天蓝、草绿、黄色的刺绣图案，具有浓郁的地域风情和民俗色彩特征（图5-5、图5-6）。鲜明浓郁的色彩，不容易组合搭配，但如果巧妙地应用对比、调和的手法，结合色彩流行趋势，并与室内空间氛围融合，就可以塑造时尚而独特的色彩美学（图5-7）。

图5-5 异域风情的色彩

图5-6 色彩明快的伊卡特（IKAT）沙发面料

图5-7 色彩浓郁而时尚的纺织品

纺织品色彩设计

（2）质朴温暖的色彩

茶褐色、巧克力色、沙棕色、浆果红色、亚麻色等色彩，与冬日午后的暖阳十分相宜，以巧克力棕色、栗棕色、浅豆沙色等色彩为主，这些色彩给纺织品增添了温暖、质朴的气息，这些自然的色彩让人联想到亚麻和羊毛羊绒等材质的温暖质感（图5-8）。

（3）复古怀旧的色彩

以茶褐色、咖啡色、巧克力色、亚麻色、苔绿色、抹茶绿色、橄榄绿色等自然低调的色彩组成，营造一种慵懒怀旧的复古色彩（图5-9、图5-10）。

图5-8　质朴温暖的色彩搭配

图5-9　复古怀旧的色彩搭配（一）

图5-10　复古怀旧的色彩搭配（二）

（4）浪漫甜美的色彩

浪漫甜美的配色设计方案，大多以甜美的粉色、淡蓝色、鹅黄色、橙色等柔和轻松的暖色调为主（图5-11），以弱对比的色彩搭配。以饱和的暖色调为主，营造热烈奔放的情绪氛围，带给人温暖愉悦。

（5）清新淡雅的色彩

水蓝色、鸭蛋青色、薄荷绿色、湖绿色与象牙白色的组合，给人宁静、舒缓的感觉（图5-12）。

图 5-11　浪漫甜美的色彩搭配

图 5-12　清新淡雅的色彩搭配

图5-13　温馨恬淡的色彩搭配

（6）温馨恬淡的色调

以浅豆绿色、粉色、柠檬黄色、粉紫色、淡蓝色组合搭配，避开饱和度较高的色彩，营造轻快明朗的色调（图5-13）。

（7）简约中性的色彩

巧妙运用哑光感、简洁的中性色调，体现一种淡泊致远的轻生活态度。简单的配色，给人简约又时尚的印象，在这些色彩中，一般会融入黑、白、灰色，或者饱和度偏低的色彩（图5-14）。

图5-14　简约中性的色彩搭配

（8）温暖和煦的色彩

采用橘棕色、草绿色、橄榄灰绿色、褐色、灰蓝色等温暖饱和的色彩，间以小面积的白色、灰蓝色、豆沙色点缀（图5-15）。

（9）柔和明媚的色彩

柔和的配色，一般以在主色中添加调和白色的粉色系为主，比如粉红色、粉黄色、粉蓝色、粉绿色为色彩基调（图5-16）。

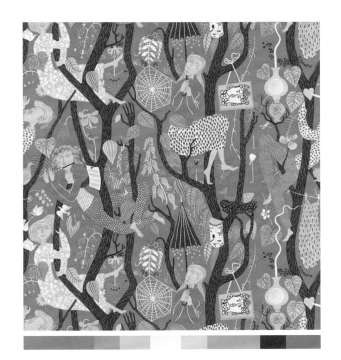

图5-15　温暖和煦的色彩搭配

图5-16　柔和明媚的色彩搭配

（10）朴素宁静的色彩

灵感来自旷野森林，森林绿色、深灰、青苔绿，借助这些饱和度较低的色彩和自然建立联系，给人朴素宁静的感觉，深灰色、米白色等中性色，舒缓稳重，具有抚慰心绪的作用（图5-17）。

图5-17　朴素宁静的色彩搭配

（11）优雅低调的色彩

体现优雅慵懒的低调质感，以茶色、咖啡色、巧克力色、亚麻色、大地色系等给纺织品增加质感。驼棕色等大地色系代表天然纤维，会让人联想到真丝、亚麻和羊毛羊绒的温暖与低调雅致（图5-18）。

图5-18　优雅低调的色彩搭配

（12）浓郁华丽的色彩

以洋红、橘棕、深浅不同的黄色这些饱和度较高的暖色为基调，以小面积的蓝色、紫色、绿色等冷色点缀，营造浓郁华美的氛围（图5-19、图5-20）。

根据产品要营造的格调，用色彩赋予纺织品考究的质感，是高雅精致，还是雍容华贵，首先需要提炼大体的色调，在此基础上进行组合搭配，需要仔细考虑色彩的比例和层次节奏。

（a）

（b）

图5-19　浓郁华丽的色彩搭配

图5-20　别具一格的黄色（秋香色）

3.追求色彩创意

什么样的配色方案让人们惊叹？那一定是日常生活中不常见的色彩和色彩组合方案。有些现在看起来很时尚的色彩，比如粉色和松石绿色的搭配，在它第一次出现的时候，可能看起来奇怪，甚至觉得不好看，事实上，几乎所有人们能想到的不寻常的配色方案，都会随着时间的推移开始变得熟悉、变得和谐起来，关键在于谁是第一个想到使用它的人。因此，在进行色彩搭配时，可以采用熟悉的色彩，但为了追求色彩创意，可以大胆采用别具一格的色彩，追求色彩设计的独创性（图5-20、图5-21）。

以灰色为主导，在其中加入一抹靓丽的黄色作为点缀色彩，活跃气氛与色调，优雅精致中融入一抹靓丽俏皮的色彩（图5-22）。

图5-21 粉色、秋香色、松石绿色的组合搭配

图5-22　灰色与黄色、棕色的组合搭配

4.色彩管理与色彩设计

为了用好色彩，就要学会高效管理色彩。为了突破色彩设计的瓶颈，需要借助一些新的色彩灵感和方法来开启设计思路，对颜色的管理，就是一种高效的设计方法。

（1）确定色彩主题与色彩基调

设计师始终应该明确，为什么选择和使用这些色彩，这些色彩之间的关系是怎样的？需要综合考虑所使用的这些颜色的整体关系与色彩环境，因为，色彩不是独立存在的。

（2）发挥色彩的积极属性

色彩的积极属性能传递美的感知，比如鲜艳的、柔和的、明媚的。色彩与情绪相互影响，色彩可以传递乐观的情绪，也可以传递悲观的色彩。因此，在设计中，设计师应该用色彩传递积极的情感，即色彩的设计使用是为了给消费者创造美好的生活感受与体验。

（3）让客户参与整个色彩方案的过程

颜色是主观的、情绪化的，它是设计中最具有表现力的元素。客户可以基于自身的生活经历和文化属性，选择特定的色彩。了解消费者群体的色彩偏好，分析色彩偏好与消费心理，才能设计出给消费者带来美的感受的色彩方案。需要注意的是，不要向客户展示太多的颜色选项，太多的色彩会让人困惑和难以选择。

（4）保持品牌颜色的一致性与延续性

颜色可以影响消费者体验，引发消费者情感以及对品牌的共情。思考什么颜色能赋予品牌文化，同时，应该了解同类竞争品牌使用的颜色。让颜色象征、传达品牌文化与属性，以便让品牌产品的色彩更易于识别和记忆。

四、探索富有感染力的配色方案

打造一个能直击心灵、激发共鸣、让人产生幸福愉悦感的配色方案，在确定好色彩基调的情况下，需要注意细节，精心打磨色彩板。应用一些有效的色彩调和的方法，对色彩板中的所有色彩进行梳理，使它们变得和谐而井然有序。

想打造富有感染力的色彩，就需要追求色彩创意，挑战不一样的色彩，避免千篇一律的配色方案。要获得新颖的配色，有时候需要大胆地另辟蹊径，尝试一些有个性的配色方案。

1.明确色彩基调

对于色彩的基调，要明确思路。如果对画面的色彩的调性没有明确的想法，色彩的使用和搭配就容易杂乱无序，不同色相的色彩充斥在画面中，会带来眼花缭乱的感觉，也容易带给人平庸廉价的质感。

无论采用对比色、同类色还是近似色，色彩搭配都要从明确色彩基调开始，纺织品图案色彩不仅仅是单色图案，在绝大多数情况下，是多种色彩的组合搭配。一款家居纺织面料图案，色彩可能有10多种，甚至更多。这些色彩的色相不同，明度和纯度也不同，应如何和谐相处？

设计师首先需要明确色彩的调性，什么颜色是主导色？主导色需要几个色阶与层次？哪些颜色是辅助色？处于从属的地位，还需要增加什么样的点缀色彩？

使用颜色时，可以从特定的某一个色彩（色相）开始，比如温暖的橘棕色，以此主导画面的色彩基调，然后可以围绕这种颜色创建一个色彩板，从暖色、冷色或中性色中提出一些色彩进行搭配。色彩板可以是单色相的，从明度、色相和纯度中提出一些色彩进行搭配；当然，色彩板也可能是多色相的，使用暖色、冷色和中性的颜色，甚至可以试图加入一些看起来不太调和的色彩，利用一种看起来似乎是不和谐的搭配方式，却可以创造一些惊喜。在进行色彩设计时，需要明确色彩方案，确定好色彩板（包括主色、辅助色、点缀色等）。如果不好确定哪个颜色是主色，哪个颜色是辅助色，就可以采用色彩基调法，也就是说，在一个统一的色彩基调下，就可以协调好画面的总体色彩关系。

在单一色相的深浅、冷暖的变化的基础上，加入对比色红色作为点缀色，使画面摆脱沉闷而增添一丝明媚（图5-23）。加入红色、黄色、蓝色作为调和色，整体色彩更加愉悦明朗（图5-24）。

图5-23　以绿色为基调，加入红色作为点缀色

图5-24　单一色相主导画面，加入多色相的点缀色彩

　纺织品色彩设计

图5-25～图5-27所示为以灰色为色彩基调与主导色的设计，在此色彩基调下，寻求微妙的变化，或以灰色主导，加入多彩的点缀色调丰富画面。

图5-25　灰色为基调的色彩灵感板

图5-26 深浅不同的灰色体现节奏和层次感

图5-27 以灰色为主导色，加入粉色、黄色和蓝色，
雅致中平添一抹靓丽

2.创建色彩灵感板

创建色彩灵感板是非常关键的一步。确定好的色彩搭配方案，是后期进行纺织品图案色彩搭配的参考依据，决定了色彩搭配的效果。如何提取色彩板？有时候可以直接从一幅色彩灵感图片中提取色彩板；而有时候，则可以从多幅色彩灵感图片中，从不同的视角提取色彩，组成丰富的色彩板。但需要注意的是，无论用哪种方式提取，都需要明确色彩基调是什么，哪些颜色是主色，哪些颜色是辅色，哪个颜色是点缀色。完成色彩板之后，要对色彩板进行分析。

主色调是指在色彩的构成和应用中形成的总的色彩倾向。"万绿丛中一点红""五彩彰施，必有主色""以一色为主，而他色辅之"，这些中国传统的配色经验，体现了色彩的主次关系，说明了色彩相互之间在色相、面积上的对比统一关系。比如，我国明清的建筑彩画，都有明确的主色，主色及辅色的呼应关系都控制在一个大的青绿色调中，点缀色作为画面的"高光"色彩，非常重要。

在创建色彩灵感板的时候，一定要明确色彩基调，一个色彩板中色彩是相互依存相互影响的，判断一个色彩板是否协调的最好方式，就是将色彩板中的不同色彩在脑海中进行模拟匹配，判断这些颜色在一起的组合搭配是否协调，色彩环境是否统一。

3.色彩归纳与色彩提炼

没有色彩灵感，设计师很难闭门造车做出理想的色彩搭配方案。在日常生活中见到好的色彩搭配，要及时收集整理，将使人眼前一亮的配色带给你的感受应及时记录下来，以便日后创作所用。经常翻阅时尚趋势杂志，寻找令人心动的色彩，发现和收集有趣的色彩灵感，制作色彩剪报。通过不断积累，就能总结规律和方法，积累色彩搭配的能力与经验。不是单纯记忆某一种色彩，而是获得一整套色彩系列搭配方案。

4.色彩重构与色彩表达

需要对色彩灵感图片中的色彩进行归纳与重组，提取重要的色彩，明确色彩板，最终将色彩应用在图案创作中。设计师可以在脑海中对色彩进行模拟想象，然后将色彩按照面积大小、位置进行色彩植入。这一过程也是对色彩进行再次设计和调整的过程（图5-28）。

图5-28　色彩灵感板

　　以棕色、橘色、卡其色、米色为主，组成一个色彩板，可以体现温暖和质朴的感觉，形成一套纺织品色彩应用方案，但并不意味着这些色彩可以在同一画面和谐相处。色彩植入画面的实践过程，是修正色彩板的过程，如果发现色彩板中的某个颜色不够和谐，需要重新调整面积大小和位置（图5-29）。

图5-29　茶棕色、焦糖色组成的棕色系搭配

以粉绿色、淡绿色、粉红色、黑色、白色组成的色彩灵感板，体现清雅、温柔的印象（图5-30），这样的色彩搭配应用在纺织品系列设计中，非常宁静柔和（图5-31）。以绿色系为主的色彩基调，通过明暗、冷暖的变化，也可以形成比较丰富的色彩关系（图5-32、图5-33）。

图5-30　以粉绿色为基调的色彩灵感板

图5-31　松石绿色、湖绿色、粉红色、白色、浅灰色组合的色彩方案

图5-32　绿色、蓝绿色为主导色的色彩灵感板

图5-33　绿色、蓝绿色组成的色彩搭配方案

5. "一花多色"的色彩设计

从纺织品的设计和市场销售来说，每款产品，市场上需要1～3个不同的色调及配色方案，便于满足不同色彩偏好的消费者。手绘纺织图案，色彩的替换非常烦琐耗时，而通过计算机可以轻松便捷地进行色彩替换。色彩替换的工作可以积累配色经验，提高配色设计的感觉与能力。可以尝试不同的色调变化，比如从冷色到暖色，从同类色到比色，从饱和的色彩到高级灰色彩。

设计师要养成"一花多色"的配色习惯，对于自己的图案作品，即使是已经创建了一个满意的配色方案，依然应该尝试一些不同的色彩方案，提高色彩搭配的能力。为了增加自己的色彩设计搭配能力，应该养成记录色彩灵感的习惯，可以用文字记录，将一组配色用色彩词汇记录下来，比如雪青色、姜黄色、橄榄绿色、茶褐色，也可以直接将图片放入色彩灵感图片库。将时尚杂志中的配色方案剪贴收集是很好的习惯。有些人天生具有很好的色彩天赋，可以轻松驾驭纷繁的色彩，但对于大多数人来说，色彩设计搭配能力的提高需要不断地领悟与积累，因为，色彩设计搭配能力的养成不是一朝一夕能够达到的。

（1）"一花多色"的设计案例

①依据目标对象，确定色彩基调，在此基础上提取不同的色彩情绪板，创建两套不同色调的色彩灵感板。

②创作一幅纺织品主题图案，将两个不同的色彩灵感板分别应用在同一图案中，并在此基础上延伸3~4个系列图案，打造系列化的产品设计（图5-34~图5-38）。

图5-34 "一花多色"系列设计（一）

图5-35 "一花多色"系列设计（二）

纺织品色彩设计

图5-36 "一花多色"系列设计（三）

图5-37 "一花多色"系列设计（四）

图 5-38 "一花多色"系列设计（五）

（2）色彩思维拓展

在色彩设计过程中需要不断思考以下问题，提高色彩设计搭配能力。

色彩怎样影响了你对纺织图案的印象？最终的图案配色是否符合你的预期？是否符合目标对象的设计定位？

在纺织品设计中，色彩是如何起作用的？在产品的系列化设计中，色彩的配置是否合理？在系列化的设计及应用中，如果改变色彩的面积和位置，色彩板的搭配是否合理？色彩关系是否依然和谐？

6.色彩的系列化应用

纺织品色彩不是单纯的图案设计，它在家居软装设计中是以系列化的产品形式出现的。所以，色彩搭配方案要考虑系列化的整体应用，既要考虑到色彩的和谐，也要考虑到色彩的节奏韵律。

①以明黄色、灰色、白色组合的色彩搭配方案（图5-39）。

②以草绿色、橄榄绿色、红色、灰蓝色组合的色彩搭配方案（图5-40）。

图5-39　明黄色、灰色、白色组合的色彩搭配方案

图5-40　草绿色、橄榄绿色、红色、灰蓝色组合的色彩搭配方案

③ 以棕色、亚麻色、杏仁色为主，搭配浅蓝色及浅灰色组成的色彩搭配方案（图5-41）。

④ 以绿色、绿褐色、白色组合的色彩搭配方案（图5-42）。

图5-41　棕色、亚麻色、灰色组合的色彩搭配方案

图5-42　绿色、绿褐色、白色组合的色彩搭配方案

⑤ 以红色、绿色、蓝色、紫色、黑色组合的浓郁明艳的色彩搭配方案（图5-43）。

⑥ 以蓝色、蓝绿色、棕色、灰白色组合的色彩搭配方案（图5-44）。

图5-43　浓郁明艳的色彩搭配方案

图5-44　以蓝色系为基调的色彩搭配方案

五、品牌色彩案例分析 ❶

1.奥兰·凯利（Orla Kiely）的色彩艺术

奥兰·凯利的印花图案设计，其标志性的"stem"图案，非常具有辨识度的色彩，使它成为非常成功的全球时尚品牌。奥兰·凯利的产品，强调色彩是纺织品印花图案设计的重要部分。其品牌创始人认为，印花和色彩能够给予人们振奋的力量。其印花图案应用于各种产品，如手袋、服装、家居饰品和墙纸软装，奥兰·凯利用其独特的设计语言，探索了一种简约时尚的设计方法与生活方式。

奥兰·凯利从小在爱尔兰长大，这对她的色彩感觉与品位产生了深远的影响。她非常偏爱绿色，从苔藓绿到海藻绿，都是她喜爱的色彩，灰色、棕色、芥末色、橙色是她主要的色彩灵感。奥兰·凯利将这些色调与粉红色、黄色及其他一些明亮的颜色组合，形成充满活力而又简约时尚的品牌色彩（图5-45、图5-46）。

2.玛丽马克（Marimekko）的色彩美学

玛丽马克是丹麦著名的国宝品牌，其设计一贯以大胆的色彩和鲜明的印花而闻名，同时也兼具北欧的浪漫和简约，借助灵动绚烂的印花为平淡的生活注入欢欣愉悦的气氛（图5-47）。其色彩和图形设计突出品牌文化与特色，在设计上体现了简约内敛的北欧设计文化，秉承"少就是多"的设计理念，控制色彩的套数，突出图形的简约之美，坚持"用色之简"，通过颜色的互相借用，穿插使用，用极简的色彩，传递"色彩的力量"。设计师在图案设计中非常克制地使用颜色，努力"追求少套色，多效果"，品牌设计体现了可持续设计的理念，其简练的色彩语言为消费者带来了活力时尚的产品和深入人心的品牌文化。

---

❶ 本书部分图片取自 https://www.pinterest.com，图片版权所有者包含以下品牌、设计师，一并致谢！
Svenskt Tenn，Cole&Son，Sanderson，Mindthegap，Pierre Frey，Etro，Marimekko，Pin，Cone Hill，Lan Sanderson，Nine Muses，Jocelyn Proust，House and Garden，Tinsmith，KDR designer showrooms，Goodearth，Schumacher，Cowtan&Tout，Thibaut，F and B，William Morris，Josef Frank，Orla Kiely，Bluebellgray，GP&Jbaker，Zoffany，Harlequin，Elitis，朱盈颖，傅雪凝，温丽媛，易琳轩，王紫婷，吕梓萌，徐清扬，张云雁，蔡昊桐，陆玮彤，高悦，刘宇丹，周子涵。

图5-45　以芥末绿为主色调的配色方案

图5-46　以橘色为主色调的配色方案

图5-47 玛丽马克绚烂的印花图案

图5-48 玛丽马克明亮的罂粟花图案

玛丽马克设计理念是"我们要色彩，更要色彩赋予的明朗生活"。

明亮的色彩和有趣的设计，令玛丽马克的色彩美学从服装延伸至生活里每一个角落，用色彩激发人们对生活的热爱及对大自然的无限向往（图5-48）。

3.约瑟夫·弗兰克（Josef Frank）的色彩世界

约瑟夫·弗兰克是一位才华横溢、拥有丰富色彩情感的纺织品设计师，他对色彩具有超强的驾驭能力，可以在复杂的图案画面中灵活驾驭纷繁多样的色彩（图5-49）。约瑟夫·弗兰克创造了一个与战争时期完全对立的缤纷世界。伦敦时尚纺织品博物馆在约瑟夫·弗兰克展览介绍里写道："他的设计能力——是大自然所赋予的美丽鸟儿、蝴蝶、植物和花卉。他对颜色、比例和超现实有机形态天才般的掌控，让作品在70年后依然能保持流行，不愧是建立设计师个人风格的设计典范。"（图5-50～图5-52）

约瑟夫·弗兰克的色彩设计非常富有想象力，绚烂的色彩像打翻了的调色盒。超现实的、天真的色彩组合，透出一种美妙的天真。他设计的面料

图5-49　约瑟夫·弗兰克的印花纺织品设计（一）

图5-50　约瑟夫·弗兰克的印花纺织品设计（二）

图5-51 约瑟夫·弗兰克的Vegetable Tree系列印花纺织品设计（一）

图5-52 约瑟夫·弗兰克的Vegetable Tree系列印花纺织品设计（二）

让人情不自禁地微笑，让人感到无比的快乐（图5-53）。

4.威廉·莫里斯（William Morris）的色彩美学

威廉·莫里斯曾经说过："任何你认为无用或不美丽的事物，都不应存在于你的家中。"威廉·莫里斯的设计以植物、花卉、动物、鸟类为灵感，墙纸图案里布满生动曼妙的藤蔓、花朵，鸟类隐藏在茂密的枝叶花朵中，色彩非常柔和、恬淡。这些充满匠心的设计，时刻带给我们春风拂面之感（图5-54~图5-56）。

图5-53　约瑟夫·弗兰克的印花纺织品设计（三）

图5-54　威廉·莫里斯的"strawberry thief"墙纸设计

图5-55　威廉·莫里斯的墙纸设计（一）

图5-56　威廉·莫里斯的墙纸设计（二）

5.艾绰（ETRO）的色彩美学

艾绰用浓郁热烈的色彩打造时装异域美学，引领家居潮流趋势，其色彩将时尚和异域特色充分融合。提炼典型的印度民族传统克什米尔图案元素，打造异国风情和摩登风尚。独特的纹样和色彩组合，为服饰、家居装饰打造出华美热烈的异域风情。在其产品设计中，饱和的色彩应用，体现"民俗的、浓郁的，华丽的、异国风情的"色彩风格（图5-57、图5-58）。

图5-57　艾绰华丽而充满异域风情的色彩

图5-58　艾绰华丽浓郁的色彩设计

6. 皮埃尔·弗雷（Pierre Frey）色彩美学

皮埃尔·弗雷是巴黎最具盛名的高级家居面料品牌之一，通过从古典和当代艺术、遥远的民族文化中汲取灵感，再加以法式的风格诠释。应用于系列化的面料、壁纸、地毯上，打造具有精致色彩的纺织品。面料包括丝绸、棉、亚麻、羊毛、羊绒，体现出浓郁的现代法式风格。石榴色、鲜红色、茶绿色、苦艾色、苔藓色等丰富的色彩，搭配大胆时尚，可以做到和图案较好地融合（图5-59）。

图5-59　皮埃尔·弗雷大胆时尚的色彩搭配

7. Mindthegap 的色彩美学

Mindthegap是罗马尼亚家居纺织品牌，秉承舒适与风格时尚，品牌理念是"坚持对舒适的热爱，是情绪、故事和生活方式的创造者"。产品设计富有个性而令人回味无穷，很难用简单的词汇来形容品牌的色彩艺术风格。其色彩充分与图案设计交融，而图形设计背后又透出浓厚的文化意蕴。其设计对来自全球各个角落的艺术、建筑、手工艺品、文化、仪式等未被发现的文化致敬。创造一种传统与现代的交融的复古风尚，营造一种独特的波西米亚风格（图5-60）。其色彩设计大多和纺织文化、纺织工艺完美融合（图5-61）。

图5-60　传统与现代融合的色彩风尚

图 5-61　图案与色彩的有机统一

8. Bluebellgray 的色彩美学

Bluebellgray 是一家英国时尚家纺品牌，是苏格兰最令人喜爱的纺织品牌。设计风格比较自由，主要以水彩表现为基础，用干净透亮的水彩笔触创造了美丽的纺织品，肆意洒脱的色彩是设计的核心，充满活力的水彩和多样化的超大尺寸花卉，成了该品牌的标志性设计符号，倡导了一种明媚恬淡的生活方式（图 5-62、图 5-63）。

图5-62　Bluebellgray洒脱自如的纺织品色彩（一）

图5-63　Bluebellgray洒脱自如的纺织品色彩（二）

9.桑德森（Sanderson）色彩美学

桑德森的设计灵感来自大自然，将经典的手绘图案与清新自然的色彩相结合，作为英国著名的家纺品牌，桑德森的纺织品、墙纸以其标志性的风格闻名，这种风格既传承了传统，又为现代生活而设计。柔和、温馨的色彩，营造轻盈和通透感，带来一种历久弥新的、经得起时间洗礼的持久优雅，创造了经得起时间考验的色彩时尚，其色彩美学体现了英式的内敛优雅（图5-64、图5-65）。

图5-64 桑德森柔和、温馨的墙纸色彩

图5-65　桑德森温暖明快的纺织品色彩

10. 乔治贝克（GP&JBAKER）色彩美学

　　乔治贝克是来自英国的高端墙纸品牌，作为英国皇室御用品牌，已有一百多年的历史。乔治贝克墙纸品牌拥有深厚的文化底蕴，其拥有非常丰富的墙纸图案设计案例，墙纸图案风格显著，是传统艺术和现代时尚的完美结合，整体色彩明度和饱和度控制得非常好。其色彩设计也是复古与现代兼容，典雅中透出时尚（图5-66~图5-68）。

图5-66　乔治贝克复古又时尚的墙纸色彩

图5-67　乔治贝克雅致的色彩风格

　纺织品色彩设计

图 5-68　乔治贝克复古典雅的墙纸色彩

11. 卓梵尼（Zoffany）色彩美学

卓梵尼是专业墙纸及软装家居品牌。卓梵尼图案设计透出浓厚的欧式古典风格，在保留欧洲古典艺术的同时，通过创新，符合当代流行审美趋势，同时，赋予纺织品更加现代时尚的色彩，其纺织家居产品大气庄重、古典奢华，优雅华贵与现代时尚并重（图 5-69 ~ 图 5-71）。

图 5-69 卓梵尼大胆时尚的色彩

纺织品色彩设计

图5-70　卓梵尼华丽的色彩

图5-71　卓梵尼优雅时尚的色彩

12.哈乐昆（Harlequin）色彩美学

哈乐昆是英国知名的家居品牌，秉承时尚简约且不失端庄大气的设计风格，哈乐昆产品设计在家居纺织行业都极具影响力。图案设计以自然景观、花卉植物等为主，在色彩上选择自然色系，靓丽饱和的色调为室内空间带来生机与活力（图5-72~图5-75）。

图5-72　哈乐昆饱和靓丽的色彩

图5-73　哈乐昆充满生机的自然色彩

图 5-74　哈乐昆优雅时尚的色彩

图5-75 哈乐昆热烈时尚的色彩

13.伊尔蒂斯（Elitis）色彩美学

伊尔蒂斯是来自法国的墙纸品牌。伊尔蒂斯的设计师们在装饰织物和墙面材料领域中努力探索，不断研发新材料和技术，在视觉和触觉上创造出一种全新的体验，打造与众不同的时尚壁纸产品。以独特的视角探索色彩艺术，打造优雅时尚的现代家居生活美学（图5-76~图5-79）。

图5-76　伊尔蒂斯绚丽的色彩

图5-77　伊尔蒂斯充满活力的色彩

图5-78　伊尔蒂斯高贵奢华的色彩

图5-79　伊尔蒂斯温暖雅致的色彩

参 考 文 献

［1］Sean Adams. The Designer's Dctionary of Color［M］. New York：Quid Publishing Ltd，2017.

［2］莱亚特丽斯·艾斯曼，基斯·雷克. 色彩中的100年（潘通经典配色图典）［M］. 孙荣浩，译. 上海：文汇出版社，2020.

［3］iyamadesign事务所. 主题配色手册［M］. 崔灿，译. 南京：江苏凤凰科学技术出版社，2021.

［4］山田纯也，柘植Hiropon，长井美树，等. 配色大原则［M］. 郝皓，译. 南京：江苏凤凰科学技术出版社，2019.

［5］奥博斯科编辑部. 配色设计原理［M］. 暴风明，译. 北京：中国青年出版社，2019.

［6］荆妙蕾，张瑞云. 纺织品色彩设计［M］. 北京：中国纺织出版社，2004.